U0334444

“十二五”国家重点图书出版规划项目
新闻出版改革发展项目库入库项目
上海市新闻出版专项资金资助项目

吴启迪 主编

中国工程师史

师夷制夷：
近现代工程师群体的形成与工程成就

工程师：造福人类，创造未来

（代序）

工程是人类为了改善生存、生活条件，并根据当时对自然规律的认识，而进行的一项物化劳动的过程。它早于科学，并成为科学诞生的一个源头。

工程实践与人类生存息息相关。从狩猎捕鱼、刀耕火种时的木制、石制工具到搭巢挖穴、造屋筑楼而居；从兴建市镇到修路搭桥，乘坐马车、帆船。工程在推动古代社会生产发展的过程中，能工巧匠的睿智和经验发挥了核心作用。工程实践在古代社会主要依靠的是能工巧匠的“手工”方式，而在近现代社会主要依靠的是“大工业”方式和机械化、电气化、智能化的手段。从铁路横贯大陆，大桥飞架山脊、江河，以至巨舰越洋、飞机穿梭；从各种机械、自动化生产线到各种电视电话、计算机互联网的信息化，现代社会的工程师（包括设计工程师、研发工程师、管理工程师、生产工程师等）凭借其卓越的才华和超凡的技术能力，塑造出一项项伟大的工程奇迹。可以说，古往今来人类所拥有的丰富多彩的世界，以及所享受的物质文明和精神文明，都少不了他们的伟大创造。工程师是一个崇高而伟大的群体，他们所从事的职业理应受到人们的赞美和敬佩。

工程师是现代社会新生产力的重要创造者，也是新兴产业的积极开拓者。国家主席习近平在“2014年国际工程科技大会”上指出：“回顾人类文明历史，人类生存与社会生产力发展水平

密切相关，而社会生产力发展的一个重要源头就是工程科技。”近代以来，工程科技更直接地把科学发现同产业发展联系在一起，成为经济社会发展的主要驱动力。是蒸汽机引发了第一次产业革命（由手工劳动向机器化大生产转变），电机和化工引发了第二次产业革命（人类进入了电气化、原子能、航空航天时代），信息技术引发了第三次产业革命（从工业化向自动化、智能化转变）。工程科技的每一次重大突破，都会催发社会生产力的深刻变革，从而推动人类文明迈向新的更高的台阶。在创新驱动发展的历史进程中，人是最活跃的因素，现代社会中生产力的发展日新月异，工程师是新生产力的重要创造者。

中国工程师的历史源远流长，古代能工巧匠和现代工程大师的丰功伟业值得敬重和颂扬。中华民族的勤劳智慧，创造出辉煌灿烂的古代文明，建造了像万里长城、都江堰、赵州桥、京杭大运河等伟大工程。幅员辽阔的中华大地涌现出众多的能工巧匠。伴随着近代工程和工业事业的发展，清朝末期设立制造局、船政局，以及开办煤矿、建造铁路、创办工厂、铺设公路、架构桥梁等，成长了一大批现代意义上的中国工程师。这些历史上的工程泰斗、工程大师都应该被历史铭记、颂扬，都应当为后人所崇敬和学习。当然，自新中国成立特别是改革开放三十多年来，中国经济社会快速发展，当代工程巨匠和工程大师功不可没，也都得到了党和国家领导人的充分肯定和高度赞扬。“‘两弹一星’、载人航天、探月工程等一大批重大工程科技成就，大幅度提升了中国的综合国力和国际地位。三峡工程、西气东输、西电东送、南水北调、青藏铁路、高速铁路等一大批重大工程的建设成功，大幅度提升了中国的基础工业、制造业、新兴产业等领域的创新能力和水平，加快了中国现代化进程。”他们是国家工业化、现代化建设的功臣，他们的光辉业绩及其工程创新能力、卓越奉献精神，赢得了全国人民的尊重。

中国工程师正肩负着推动中国从制造大国转向制造强国和实现创新驱动发展的历史使命。人类的工程实践，特别是制造工程，是国民经济的主体，是立国之本、兴国之器、国之脊梁。当前，新一轮科技革命和产业革命正在孕育兴起，全球制造业面临重新洗牌，国际竞争格局由此将发生重大调整。德国推出“工业 4.0”，美国实施“工业互联网”战略，法国出台“新工业法国”计划，日本公布《2015 年版制造白皮书》，谋求在技术、产业方面继续保持领先优势，占据高端制造全球价值链的有利地位。可喜的是，中国版的“工业 4.0”规划——《中国制造 2025》已于 2015 年 5 月 8 日公布，开启了未来 30 年中国从制造大国迈向制造强国的征程，同时也为中国工程师提供了大显身手、大展宏图的极好机遇。另一方面，要充分认识到不恰当的工程活动，常常会带来巨大的生态、社会风险。工程师不能只注重技术，而忽视生态环境和文化传统。中国的工程师要有哲学思维、人文知识和企业家精神，才能更好地解决工程科技难题，促进工程与环境、人文、社会、生态之间的和谐，为构建和谐社会和实现人与自然的可持续发展做出应有的贡献。

经济结构调整升级、建设创新型国家，呼唤数以百万、千万计的卓越工程师和各类工程技术人员。没有强大的工程能力，没有优秀的工程人才，就没有国家和民族的强盛。工程科学技术对国家经济社会发展和国家安全有着最直接的重大影响，是将科学知识转化为现实生产力和社会财富的关键性生产要素，工程科技的自主创新是建设创新型国家的核心。改革开放三十多年来，我国从大规模引进国外先进技术和装备逐步走向自主创新，在一些领域已经接近或达到世界先进水平，大大提高了产业竞争力，促进了经济社会的快速发展。但不可否认，我国自主创新特别是原创力还不强，关键领域核心技术受制于人的格局没有从根本上改变。我们要大力实施创新驱动发展战略。在 2030 年前，中国正处于建设制造强国的关键战略时期，需要一大批具有国际视野、创新能力和多学科交叉融合的创新型、复合型、应用型、技能型工程科技人才。面对新形势新任务，能否为建设制造强国培养出各类高素质的工程科技后备人才，能否用全球视野和战略眼光引领并带动新一轮中国制造业在全球竞争中脱颖而出，是中国工程教育不可回避的时代命题。

培养和造就千千万万优秀的年轻工程科技人才，已成为事关国家兴旺发达、刻不容缓的重大战略任务。

吴启迪教授组织编写这部《中国工程师史》正当其时，用短短几十万字尝试记录中国工程与工程师的发展历程及工程教育发展若干重要片段，展示中国工程师的智慧和创造力，体现他们的爱国情怀和自强不息精神，诉说其对中国梦的执著追求，实属难能可贵。《中国工程师史》不仅是一部应时之作，其宗旨是充分发挥在“存史”“导学”“咨政”等方面的价值，以使广大读者“以史为鉴”，全面了解重大工程及工程发展背后工程师的睿智才能和奉献精神，认识到工程师的工程实践是推动人类文明进步的重要力量。希望莘莘学子及相关领域工作者能够以此为“通识教材”，通古知今、把握未来，深刻理解工程技术是创新的源泉，立志为建设创新型国家和中华民族的振兴添砖加瓦。各级政府和教育行政部门也可以此为“咨询材料”，为加强工程教育和工程科技制定出更有针对性、适应性的政策措施。

2016年4月1日

前言

习近平总书记在“2014 年国际工程科技大会”上明确指出：“回顾人类文明历史，人类生存与社会生产力发展水平密切相关，而社会生产力发展的一个重要源头就是工程科技。工程造福人类，科技创造未来。工程科技是改变世界的重要力量，它源于生活需要，又归于生活之中。历史证明，工程科技创新驱动着历史车轮飞速旋转，为人类文明进步提供了不竭动力源泉，推动人类从蒙昧走向文明，从游牧文明走向农业文明、工业文明，走向信息化时代。”[1]

温故而知新。古往今来，人类创造了无数的工程奇迹，每一项工程都倾注了许许多多能工巧匠和工程大师的睿智才华和辛劳汗水。不仅国外有古埃及金字塔、古希腊帕提农神庙、古罗马斗兽场、印第安人太阳神庙、柬埔寨吴哥窟、印度泰姬陵等古代建筑奇迹，中国也有冶金、造纸、建筑、舟桥等方面的重大技术创造，并构筑了万里长城、都江堰、京杭大运河等重大工程，这些已载入人类文明发展的史册。然而，这一项项工程的缔造者多数并不为人所知，他们的聪明才智、卓著功勋和艰苦卓绝的奉献精神也常常被人忽视。世界强国的兴衰史和中华民族的奋斗史一再表明，没有强大的工程能力，没有优秀的工程人才，就没有国家和民族的强盛。

1 习近平出席 2014 年国际工程科技大会并发表主旨演讲 [N]. 人民日报，2014-06-04（1）.

在中国，现代意义上的工程师，是洋务运动时期开始出现的。我国在清朝末期，设立制造局、船政局，以及织造、火柴、造纸等工厂，并且开办煤矿、建造铁路，近代工程事业和近代工业开始有了雏形，一批批工程师也随之成长起来。如自筑铁路的先驱詹天佑、江南制造局开创者容闳、一代工程巨子凌鸿勋、机械工业奠基人支秉渊、桥梁大师茅以升、化学工程师侯德榜、滇缅公路英雄工程师段纬和陈体诚等。

中国工程师，作为一个为社会发展与人民福祉做出巨大贡献的职业群体，随着近现代产业革命和经济发展的进程而逐步形成、发展并壮大。新中国成立特别是改革开放三十多年来，中国的工程实践和创新再创辉煌。在一些基础工程（如土木、桥梁和道路）方面，中国的工程师已经具备世界一流的设计制造水平，青藏铁路、三峡工程等都是中国工程师自行设计建造的，达到了世界顶级工程水平。我国在航空航天和其他高科技领域更是喜讯频传，载人航天成功，嫦娥奔月顺利，先进战机翱翔蓝天，新型舰艇遨游海洋。高速铁路等一大批重大工程建设成功，大幅提升了中国基础工业、制造业、新兴产业等领域的创新能力和水平，加快了中国现代化进程。同时，载人航天、载人深潜、大型飞机、北斗卫星导航、超级计算机、高铁装备、百万千瓦级发电装备、万米深海石油钻探设备、跨海大桥等一批重大工程和技术装备取得突破，也形成了若干具有国际竞争力的优势产业和骨干企业。持续的技术创新，大大提升了我国制造业的综合竞争力，这一批批重大工程科技成就，也大幅提升了我国的综合国力和国际地位。我国已具备了建设工业强国的基础和条件。

经过几十年的快速发展，无论从经济总量、工业增加值还是主要工业品产量份额来看，中国都名副其实地成为世界经济和制造业大国。但我们应该看到，我国仍处于工业化进程之中，工程能力与先进国家相比还有一定差距；我们清醒地知道，我国仍存在制造业大而不强、自主创新能力弱、关键核心技术与高端装备对外依存度高、以企业为主体的制造业创新体系不完善、资源能源利用效率低、环境污染问题较为突出、产业结构不合理、高端装备制造业和生产性服务业发展滞后等诸多问题，这些都需要提高基础科研和工程能力，加强卓越工程师的培养，大力推进制造强国建设，以及实施创新驱动战略。

没有工程就没有现代文明，不掌握自主知识产权就会丧失发展主动权。李克强总理多次强调，“创新是引领发展的第一动力，必须摆在国家发展全局的核心位置，深入实施创新驱动发展战略。”[1] 工程技术是创新的源泉，是改变生活的最大动力，工

1 李克强对“创新争先行动”作出重要批示：创新是引领发展的第一动力 [N]. 人民日报，2016-06-01 (1).

程科技应成为建设创新型国家的原动力，进一步增强自主创新能力。当前，世界新一轮科技革命和产业变革与我国加快转变经济发展方式形成历史性交汇，国际产业分工格局正在重塑。我们必须紧紧抓住这一重大历史机遇，实施制造强国战略，加强统筹规划和前瞻部署，推动信息技术与制造技术的深度融合，提升工程化产业化水平。在积极培育发展战略性新兴产业的同时，加快传统产业的优化升级，推动实施“互联网 +”“中国制造 2025”等战略，为供给侧结构性改革注入新动力，加快实现新旧动能转换。

制约中国成为世界制造业强国的因素有很多，其中最关键的一个是我国工程科技人才队伍的整体质量和水平与发达国家相比尚有明显差距。建设一支具有国际水平和影响力的工程师队伍，是提升我国综合国力、保障国家安全、建设世界强国的必由之路，是实现中华民族伟大复兴的坚实基础。培养数以千万计的各类工程科技专业优秀后备人才，全面提高和根本改善我国工程科技人才队伍整体素质的重任，历史性地落在中国工程教育身上。

然而，“工程师”职业对广大青少年的吸引力下降的现实令人忧虑。谈到工程师，许多人首先想到的是科学家或企业家。社会在对待企业家、科学家和工程师的问题上出现了明显的“不平衡”。在政策导向和社会舆论多方面，工程师的重大社会作用被严重忽视了，工程师的社会声望被严重低估。究其原因，除了受“学而优则仕”“重道轻器”“重文轻技”的传统思想和文化积淀的影响外，也与教育和宣传的缺失不无关系。作为生产实践的工程活动及从事工程实践活动的工程师，难免会因此受到某些轻视甚至贬低。

近年来，我国工程教育有了快速发展，在规模上跃居世界第一，成为名副其实的世界工程教育大国。卓越工程师的培养计划和创新人才培养等，也在逐步推动中国工程及中国工程师地位的提升。目前，我国培养的工程师总量是最多的，为之提供的岗位也是最多的，但是社会各界对工程师的重要作用并没有充分的认识。当孩子们被问到长大后想做什么时，很少有人会说想当工程师，甚至学校中出现“逃离工科”的现象。这不能不引起政府、学校和社会各界的担忧和深思。

我们组织编写《中国工程师史》的初衷，就是为了让大众对中国重大工程、工程发展以及工程师的历史地位和作用有更深的认识，对那些逝去的做出卓越贡献的工程师祭慰和敬仰，为那些仍在岗位上默默为国家奉献的工程师讴歌和颂扬。同时，呼吁政府高度重视并充分发挥工程师的作用，努力提高工程师的能力和水平，采取有力措施提高工程师的社会声望和待遇；

进一步加大社会宣传力度，使工程师的价值得到社会和市场越来越多的认同，让工程师这一职业受到人们尊重，并为那些正在选择人生方向的、优秀的年轻群体所向往。也希冀给有志于从事工程事业的青年学子以鼓励和鞭策，因为他们是中国工程事业的未来，是实现中国一代代工程师强国梦的希望。

本书的编写过程是艰难的。我们试图按时序以人物为主线，对我国各个时期的重大工程实践和工程科技创新背后的工程师进行系统梳理，凸显他们的卓越贡献、领导才能和奉献精神。但是，由于时间久远，有些资料的搜集十分困难；有些巨大工程实践和重大工程科技创新是集体智慧和劳动的结晶，梳理和介绍工程师也不容易，所以内容难免不够全面、准确，还请读者不吝指正。但我们相信，本书的出版一定会给读者带来启迪和思考。我们以此抛砖引玉，期待未来有更多相关领域的研究者加入编写队伍，书写更完整的“中国工程师史”。

衷心感谢徐匡迪院士为本书写序，并在编写过程中给予诸多指导和帮助。感谢顾问委员会的各位院士、专家的全力支持，在百忙之中投入大量时间、精力，为本书提出许多宝贵意见。从设想的提出到书稿的成型，同济大学团队付出了极大的心血和努力。在此，特别感谢同济大学常务副校长伍江、副校长江波所做的大量组织统筹工作，感谢相关学院领导的倾力支持，

感谢各院系学科带头人及学科组全力协作，做了许多细致的资料收集、整理工作，为全书的编写奠定了重要基础。感谢王昆老师的辛苦组织与统筹，感谢王滨、周克荣、陆金山承担文稿统稿和撰写工作。

感谢同济大学出版社的通力合作，特别是社领导的高度重视和大力支持，组织专业出版团队为本书付出大量心血，感谢责任编辑赵泽毓的不辞辛劳、兢兢业业。同时，也要感谢负责本书装帧设计的袁银昌工作室，投入大量时间，几易其稿，精心设计，才有了本书现在的样貌。最后，感谢所有关心、支持、参与本书编写的各方人士、机构，是大家的同心协力、无私奉献，让本书最终得以呈现。

本书被列入“十二五”国家重点图书出版规划项目，并获得国家出版基金和上海市新闻出版专项基金的资助，在此对有关方面的大力支持一并表示感谢。

本书编委会
2017 年 3 月

目录

中国工程师史 第二卷

第一章

救国图存——晚清时期的工程师

一、师夷制夷、救国图存

1. 洋务运动与中国的自强之路

从 13 世纪开始，西方资本主义萌芽出现，农民和手工业者经过长期劳动经验的积累，改进了生产工具，大大提高了生产效率。新航路的开辟，以及文艺复兴、宗教改革运动，使资产阶级日益壮大。在产业革命的推动下，资本主义世界体系最终形成，世界格局在悄然变化，人类进入了一个新的时期。

晚清时期，面对西方资本主义及科学技术的突飞猛进，统治者的“闭关锁国”政策，使得中国在经济、科技、文化等各个领域皆逐渐落后于西方世界，清王朝也随之由盛转衰。1840 年，第一次鸦片战争爆发，西方列强敲开了中国的大门。工程技术的长期落后，不仅使中国与西方在民用工程方面相去甚远，更在军事工程发展上有了巨大差距，这直接反映在鸦片战争时双方所使用的武器和战舰上。

从 1861 年开始，“自强”一词在奏折、谕旨和知识界的文章中开始出现，国人已经认识到需要一种新的政策，以应对中国在世界上的地位所发生的史无前例的变化。战争让清朝统治者对西方的科学技术有了新的认识，从“奇技淫巧”转变为“师夷长技以制夷”，而“师夷”必先从“知夷”开始。19 世纪 60 年代至 90 年代，清政府一部分官僚、军阀为求“自强”“求富”，提出“中学为体，西学为用”的口号，主张采用西方先进技术，创办新式军事工业和民用工业，建立新式海军和陆军，设立学堂，派遣留学生等，史称“洋务运动”，又称“自救运动”，在近代中国工程历史上留下了浓墨重彩的一笔。

洋务运动涉及经济、政治、军事、外交等多个方面，但其中最重要的便是兴办军事工业，并且围绕军工来建设其他相关工业。

清末《点石斋画报》对李鸿章创办金陵机器制造局生产快枪的报道

以军事工业为起点，旨在通过武器、弹药的制造来抵御侵略、振兴国家，同时也是中国军事工业从手工化向机械化过渡的标志。自1861年始的50年间，清政府在上海、南京、天津、武汉、西安、兰州等十多个城市，先后兴建了30多家新型兵工厂。其中包括最早创办的安庆内军械所；专造枪炮弹药的天津机器局、金陵机器局和汉阳兵工厂；专造舰船的福州船政局；综合性的大型兵工厂上海江南制造局等，初步形成了中国近代军事工业体系。除少数边远地区外，全国很多地方的驻军，都能就近使用国产的武器弹药，并对其进行维修保养，减少了长途运输的困难和资金的外流。生产制造的军工产品有各种步枪、多管枪、火炮、舰船、弹药、地雷、水雷，以及优质的军用钢材等，基本囊括了当时清军所需要的各种武器装备。此外，还有中国最早设立的船舶运输企业——轮船招商局，以及中国官方最早设立的培养外语翻译人才的外国语学校——同文馆。这些机构对中国了解、学习西方的技术和管理，以及促进中西方交流都做出了很大的贡献，也由此催生出了中国近代真正的工程师群体。

洋务运动对于当时发展缓慢的民族资本主义工业有很大的推动作用。首先，它引进了近代西方资本主义的生产技术，培养了自己的产业工人，也造就了一批掌握科技的知识分子和工程技术人员，创造了利润并吸引了官僚、地主、商人等来投资近代工业。其次，洋务运动中近代企业的发展，客观上对外国经济的侵略起到了一定的抵制作用。再次，创建了中国近代海军，增强了军队的作战能力。另外，开设新式学堂、选派留学生出国深造，不仅开启了中国近代教育，在转变国人的教育观念、开阔视野等方面也发挥了重要作用。

2. 安庆内军械所与江南制造局

安庆内军械所，1861 年由曾国藩创设于安徽怀宁黄石矶、安庆大观亭，是洋务运动中最早的官办新式兵工厂。“内”，表示该军械所属于安庆军内的设置。所内“全用汉人，未雇洋匠”，几乎集合了当时全国所有的科学技术专家，如华蘅芳、徐寿、龚芸棠、徐建寅、张斯桂、李善兰、吴嘉廉等。安庆内军械所是中国依靠自己力量建立的第一个近代军事工业企业，亦被视作中国近代工业之始。它主要负责制造子弹、火药、枪炮，中国第一支步枪、第一台蒸汽机和第一艘蒸汽动力轮船正是在此诞生。[1]

1864 年 9 月，安庆内军械所随曾国藩大营迁至南京，更名为金陵军械所。1865 年，军械所骨干徐寿、华蘅芳、徐建寅等人奉调赴沪，筹建江南制造局，金陵军械所也在此时并入李鸿章的金陵机器局。从安庆内军械所到江南制造局，这其中还有一位重要人物——容闳。他是第一位毕业于美国耶鲁大学的中国留学生，在其学成归国之后，时任两江总督的曾国藩从安庆向他发出会晤邀请。在与曾国藩的会谈之中，容闳提出在中国建立机器厂的设想，被曾国藩当即采纳。曾国藩的学生李鸿章于 1862 年派丁日昌和韩殿甲在上海开设了两个小型洋炮局。曾国藩曾嘱咐李鸿章，借着生产枪炮的有利时机，将轮船制造一事提上日程，组建江南制造局。

1864 年 9 月 27 日，李鸿章上书清政府总理各国事务衙门，提出在上海建厂制造武器与轮船的设想与要求，得到函复批准。1864 年冬，受曾国藩委派，容闳为筹建江南制造局赴美采购机器，次年回国，购买了 100 多种机器。李鸿章还责成丁日昌买下坐落在上海虹口（今九龙路、溧阳路一带）的旗记铁厂，并将原先所办的几家洋炮局的设备一起并入该厂，正式创办了江南制造局。后因外国人反对和场地发展空间过小，1866 年，又在当时上海县城南面的高昌庙镇陈家港，沿黄浦江岸购地 70 余亩，建造新厂区，

1　闵海霖. 安庆内军械所的创建及其地位 [J]. 历史教学问题，2009，192(3): 58-61.

江南制造局炮厂

这也就是日后上海局门路上的江南造船厂。从这一年起，一批杰出的文化精英陆续来到江南制造局，开始与外国人合译西方近代科技书籍，包括华衡芳、徐寿、徐建寅父子，以及美国人林乐知、英国人傅兰雅等。为此，江南制造局设置了近代中国最早，也是影响最为深远的翻译馆。

江南制造局迁到新址后，先后建立了机器厂、木工厂、铸铜铁厂、熟铁厂、轮船厂、锅炉厂、枪厂、火药厂、枪子厂、炮弹厂、水雷厂、炼钢厂等 13 个厂，1 个工程处，以及库房、栈房、煤房、文案房、工务厅、中外工匠宿舍等，并建有泥船坞 1 座，在设备和规模上已具近代工业的雏形。1891 年，由于生产的发展，工厂面积扩展至 24.6 万平方米；工人由建厂初的 200 多人，增至 2913 人，加上管理人员，共约 3 600 人。

1868 年 8 月，江南制造局制造的第一艘机器轮船下水，这是中国依靠自己力量建造的第一艘新式轮船，马力 392 匹，载重 600 吨，先由曾国藩命名为“恬吉号”，后改名为“惠吉号”。接着，江南制造局又陆续建造了“操江”“测海”“威靖”“海安”“驭远”“金瓯”“保安”7 艘较大的轮船。其中最大的是“海安”轮和“驭远”轮，载重都达 2 800 吨。1871 年，中国第一支林明敦式后装线膛步枪在“江南”制造成功；1875 年，中国第一艘铁甲军舰“金瓯号”在“江南”造成；1888 年，中国第一门后装线膛阿姆斯特朗炮在“江南”制成；1891 年，中国第一炉钢在“江南”炼出；1896 年，中国第一磅无烟火药在“江南”造出。

1905 年，清政府决定局坞分家，把船坞和造船部分从制造局中划分出来，成立江南船坞。制造局的另一部分成为专门制造军火的兵工厂，辛亥革命后改称上海制造局。1917 年改称上海兵工厂，直至 1932 年停办，大部分机器搬迁至杭州和南京金陵兵工厂，小部分并入武汉汉阳兵工厂。局坞分家后，船坞采用商务化经营方针，生产业务渐有起色。从 1905 年到 1926 年的 20 多年中，共建造了 505 艘轮船，平均每年建造 23 艘。其中，1911 年建成的中国吨位第一、性能第一的长江客货轮“江华号”，船长 330 英尺，宽 47 英尺，吃水 7.5 英尺，排水量 4 130 吨，被当时航运界评为“中国所造的最大和最好的一艘轮船”。

1927 年，江南船坞改名为江南造船所，归国民政府海军部管辖，使用“海军江南造船所”之名。江南造船所仍采取商务化经营方针，造船业务逐渐上升，超过了当时在造船业中处于垄断地位的英商耶松船厂。1930 年，海军轮电工作所并入江南造船所。次年，福州船政局（今马尾造船厂）的制造飞机处并入江南造船所，并完成了“江鹤号”“江凤号”号等水上教练机和 5 驾侦察机的建造。新中国成立后，江南造船所易名为江南造船厂，从此进入生产建设迅速发展的新时期。

开平矿务局大楼

二、晚清时期的矿业工程师

1. 实业家唐廷枢与开平煤矿

鸦片战争以后至19世纪70年代中期，外国资本家竞相在中国开办了50余家近代工业企业；中国通商口岸的开放，刺激了近代航运业的兴起；加之洋务派创办水师，引进大批新式舰船——所有这些，造成了煤炭的大量消耗。中国市场煤炭需求骤长，传统土法采煤已经远远不能满足供应。李鸿章等官员借筹办海防之机，多次上书朝廷，请求“开采煤铁，以济军需”，并最终获准。唐山近代煤炭开采业由此应运而生。

唐廷枢（1832—1892），生于广东香山县唐家村（今珠海市唐家镇）的一个农民家庭，自幼聪颖好学，曾在香港一所玛礼逊教会学校学习，练就了流利的英语。1848年，唐廷枢16岁，到香港一家拍卖行做低级助手；1851年进入香港巡理厅当翻译；1861年出任怡和洋行金库管理，两年后升任怡和洋行总买办。

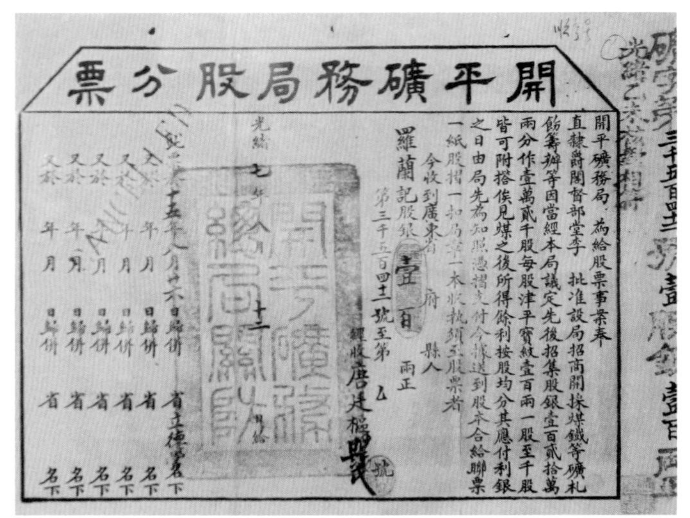

開平礦務局股分票

開平礦務局 為給股票事案奉
直隸爵閣督部堂李 批准設局招商開採煤鐵等礦札
飭籌辦等因當經本局議定先後招集股銀壹百貳拾萬
兩分作壹萬貳千股每股津平寶紋壹百兩一股至千股
皆可附搭俟見煤之後所得餘利按股均分其應付利銀
之日由局先為知照憑摺支付今據送到股本合給聯票
一紙股摺一扣局存一本收執須至股票者
今收到廣東省 府 縣人
羅蘭記股銀 壹百 兩正
第三千五百四十二號至第 號
經收 唐廷樞
光緒七年 月 日給

又於 年 月 日歸併 省 名下
又於 年 月 日歸併 省 名下
又於 年 月 日歸併 省 名下
又於 年 月 日歸併 省 名下
又於 年 月 日歸併 省 名下

开平矿务局光绪七年（1881年）发行的股票

1873年，唐廷枢离开怡和洋行，参加了由直隶总督李鸿章主办的上海轮船招商局改组工作，并担任总办，唐廷枢靠出色的经营才干和在商界的广泛交谊，在商业经营中击败了外国竞争对手，奠定了中国航运业的基础。自步入实业界后，唐廷枢自营、合营或受清政府委托兴办了47家大小企业，其中居“中国第一”的企业就有6家。在这6家中，创办最艰难、成就最辉煌的就是开平矿务局。

1876年11月，李鸿章将唐廷枢从上海调至天津，授命他筹建开平煤矿。接受任命的第二天，唐廷枢便偕英国矿业工程师马里斯来到开平镇一带勘察煤、铁资源，取得满意结果，并给李鸿章写了一份详细的勘察报告。李鸿章对唐廷枢的精辟分析和建议大为赞赏。1877年8月，李鸿章经过缜密思考，权衡利弊，批准了唐廷枢的开矿报告。

1877年9月，唐廷枢、丁寿昌、黎兆棠等三人会拟了在直隶境内创办近代大矿的招股章程十二条，准备在开平设矿务局，名为“开平矿务局”。章程规定了煤矿的性质、集资办法、经营方式、按股分成比例等内容。李鸿章十分赞赏这份渗透着资本主义经营色彩的股份制章程，几天后便批准照行。1878年7月24日，开平矿务局正式在开平镇挂牌。

开平矿务局设立后，唐廷枢一方面在天津、上海、香港等地展开招商集股活动，一方面带领从英国雇来的几名工程师，以及从广东招募来的工匠在开平一带选址打钻探煤。经过反复比较，他们最后决定把开平矿务局的第一眼钻井放在距开平以西10千米的乔家屯西南，这就是后来的唐山矿一号井（至今仍在使用）。几个月之内，井架、厂房、绞车房、工棚、供洋人居住的洋房及办公用房等在原本荒漠的乔家屯一带平地而起。唐廷枢为这座中国近代第一矿起了个响亮的名字——唐山矿。

1881年秋，唐山矿投产。煤矿在提升、通风、排水三个环节上实现了机械作业，为提高生产率及煤田的深部开发提供了有利条件。在经营上引进了西方国家的管理机制和方法，重金聘请英国工程师柏爱特指导、监督生产，采用招商募股按股分成的方法募集资本，并按市场需要组织规模生产。投产当年产煤3 613吨；1883年达到年产7.5万吨，超过先期投产的台湾基隆煤矿（最高年产5.4万吨）；1885年产煤24万多吨，成为中国当时“官办”“官督商办”的10余座煤矿中最成功的一个。

开平煤主要销售给上海轮船招商局、天津机器局和北洋水师等，香港及一些外国船只不久后也开始使用开平煤。1889年至1899年十余年间，全矿盈利高达500余万两白银，相当于先后募集的150万两股本的三倍多。开平煤逐渐取代“洋煤”，占领了天津煤炭市场。

随着煤矿的正式出煤，运输成为瓶颈，而清政府却对修铁路仍持一贯的排斥态度。唐廷枢于勘察开平煤田时就提出的修建铁路计划，自然遭到朝中保守势力的反对。唐廷枢只好暂时放弃原来设想的从矿地至涧河口修建一条百里铁路的计划，改由胥各庄至芦台挖一条人工运河来运煤。在开凿运河时，他们发现胥各庄至唐山矿地一带地势逐渐升高，即使开通运河也难以储水通船，于是，在1881年6月9日，建设工程队伍秘密动工，打着建“快车马路”的旗号，修建了一条唐山至胥各庄段的标准轨距铁路。同时，他们在开平矿务局胥各庄修车厂内，利用废旧材料，秘密地造出了一台蒸汽机车，取名“龙号”。1881年9月6日，“龙号”机车一声长鸣，拉响了中国铁路运输的第一声汽笛。

开平煤矿修通铁路、造出机车的消息惊动了清廷，朝廷下令禁用。开平煤矿不得不拿掉机车车头改用骡马拉着车皮在唐胥铁路上运煤。后来，在李鸿章、唐廷枢的呼吁下，几经波折，由一批清朝大臣亲自乘坐机车见证了安全可靠后，才允许机车正式行驶。

煤矿产量的增加，使运输矛盾日愈突出。唐廷枢再次给李鸿章上了一道禀折，又派开平矿务局总工程师英国人金达亲自去谒见李鸿章，面陈扩建铁路的重要性。李鸿章上奏朝廷，朝廷很快批准，从此开平煤可由矿地直接用火车运抵芦台。

1888 年，清廷将开平铁路公司改组为中国铁路公司（也称天津铁路公司），添招新股，将铁路扩展至天津，后又向东延伸至山海关，并以此为突破口，陆续开始了关内其他铁路的修建。此后，质优价廉的开平煤在不到一年的时间内就在华北一带占领了市场。

1888 年，唐廷枢购置 4 艘轮船，修缮或新建了天津、塘沽、上海、牛庄（营口）、香港等地煤码头，增开了林西矿，实现了两座现代大矿出煤、水陆运输并举的壮观景象。

1892 年 10 月，唐廷枢因病在天津逝世，当时朝野震动。李鸿章手书挽联，亲往吊唁。驻天津外国领事馆降半旗致哀。上海轮船招商局从招商局船队中选出一艘最好的轮船，命名为“廷枢号”，以示对他的永久怀念。

2. 中国近代矿业工程师群体

（1）吴仰曾

吴仰曾（1861—1939），第一批留美幼童之一。1872 年抵美，就读哥伦比亚大学一年后就被召回国，进开平煤矿工作，后被李鸿章送往英国伦敦皇家矿冶学院深造。他精于数理化，通晓采矿工艺，编有《化学新编》。

1895 年，吴仰曾在南京的煤矿及铜矿担任局长兼总工程师。1897 年，他奉命查勘浙江、湖北的矿藏。1899 年，又回到开平矿务局担任副局长兼主任验矿师。八国联军侵华时，他组织“自卫队”保护矿产。一次与俄军将领力争，该将领恼羞成怒，竟用马鞭抽打这位 39 岁的中国矿冶工程师。吴仰曾忍辱负重，使天津燃煤供应没有中断，更重要的是粉碎了帝俄掠夺中国矿产的阴谋。

工作期间，吴仰曾携带相机去热河等地实地勘查矿产，拍摄现场实况，为开发矿产提供了宝贵的第一手图片资料。他为中国的矿业工程奉献了一生。

（2）邝荣光

发现湘潭煤矿的邝荣光（1862—1962）是第一批留美幼童中最年轻的一位。他先是进入麻省的一所高中，之后考入哥伦比亚大学专攻矿工专业。毕业回国后，利用丰富的矿山开采经验，成功协助詹天佑修筑京张铁路。

1905 年，清政府成立直隶省矿政调查局，邝荣光担任总勘矿师。他通过实地踏勘，研究岩石和构造，探明并揭示了直隶省的地质状况，获得大量第一手资料，并根据这些资料，绘制出三份重要图件，于 1910 年前后发表。第一份图件为《直隶地质图》，比例尺约为 1：2 500 000，发表在《地学杂志》创刊号上，这是现今所见中国人自制的第一幅地质图。第二份图件为《直隶矿产图》，发表在《地学杂志》第 2 期上，图中标明了煤、铁、铜、铅、银、金等六种矿产资源在直隶省的分布状况。第三份图件为《直隶石层古迹图》，发表在《地学杂志》第 3—4 期上，绘有三叶虫、石芦叶、鱼鳞树、凤尾草、蛤、螺、珊瑚和沙谷棕树共 8 种化石，也是现在所见出自中国人之手的第一幅古生物化石图，成为中国地质学与古生物学的重要发端。

邝荣光还曾写过一篇关于直隶煤矿的报告书，于 1887 年在美国矿冶工程师学会上发表。晚年时，他还先后在东北本溪煤矿、临清煤矿担任总工程师。

以吴仰曾、邝荣光等为代表的留美幼童成长为中国第一批矿业工程师，他们开发了中国东北、华北、长江中下游等地区的矿产宝藏，为中国矿业的发展奠定了坚实的基础。其他对矿业发展有贡献的工程师有陈荣贵（第一批留美幼童）、曾溥（第二批留美幼童）、梁普照（第二批留美幼童）、邝贤俦（第三批留美幼童）等。

1881 年 6 月，唐胥铁路建成，
李鸿章乘车视察

三、晚清时期的铁路工程师

1. 中国近代铁路事业的发端

火车与铁路是西方工业革命的产物，在近代，伴随着西方列强的入侵而传入中国，因此，最初出现在中国的铁路几乎都是西方列强的专利，中国人很难插足。

19 世纪 80 年代初，随着洋务运动的深入发展，越来越多的人认识到自筑铁路是振兴民族经济、与外商争利的重要手段。迫于统治危机和舆论压力，清政府对铁路也从刚开始的拒办转为筹办，到 1881 年终于修建了中国第一条自筑铁路——仅长 9.7 千米的“唐胥铁路”。而近代铁路建设的真正崛起，还是要到詹天佑主持修建京张铁路之后。

1905 年，英、俄两国激烈争夺中国华北路权，为摆脱两国的纠缠，清政府硬着头皮决定由中国自己出资，自主勘测、设计、修筑和管理京张铁路，并任命詹天佑为总工程师兼会办。詹天佑毅然挑起重担。经过4年奋战，京张铁路于1909年9月全线胜利完工。这一全部由中国人自己完成的工程，当时令全世界为之震惊。

2. 中国自建铁路的先驱——詹天佑

詹天佑（1861—1919），祖籍安徽婺源（今江西省）。他天资聪颖，自幼酷爱学习，得詹家好友谭伯村引荐，12岁时考入第一批幼童赴美留学班。清同治十一年（1872年），詹天佑随容闳由香港到上海，进入预备学校接受训练，由在刑部当了20年主事的陈兰彬教授汉文课，容闳教授英文课。1872年8月11日，30名幼童登上轮船，启程赴美。

詹天佑像

詹天佑在美国读完小学和中学，17岁时考入耶鲁大学谢菲尔德理工学院土木工程系铁路专业。在三年的大学生活中，詹天佑刻苦攻读，两次获数学奖，并通过实地调查完成题为《码头起重机研究》的毕业论文，成为继容闳之后的又一名毕业于耶鲁大学的中国学生。不久，清政府下令撤回全部留美学生。1881年，詹天佑从美国回到上海，被派往福州船政局，到水师学堂学习驾驶。

从12岁到20岁，詹天佑目睹的两个世界处在巨大的反差中。一边是发达的西方社会、每年修建10 000千米铁路的美国，另一边则是愚昧、落后的清王朝。在詹天佑看来，铁路事业的发展程度，直接影响整个国家经济发展的兴衰，对于大国尤其如此。1888年，经留美同学邝孙谋推荐，中国铁路公司总经理伍廷芳聘请詹天佑在铁路公司任帮工程司。此后的31年里，詹天佑将自己的毕生精力和才能，毫无保留地奉献给了中国的铁路建设事业，并且在极其艰苦和困难的条件下取得了卓越的成就。

詹天佑一生参与、主持修建的铁路中，最著名的就是京张铁

京张铁路修成时，修路人员在验道专车前合影

路。由于该线路需穿越最大坡度为33%的军都山（又称南口山，其主峰为世界闻名的八达岭），一路崇山峻岭、千沟万壑，既要开凿坚硬的岩石，又需穿凿大量山洞，一些外国人公然宣称，中国工程师不可能完成如此艰巨的工程。当时詹天佑44岁，已拥有17年筑路经验。他从1905年5月开始，亲自率领相关人员骑着毛驴，背上标杆，勘测线路。为了加快翻越八达岭，詹天佑率领工程技术人员在青龙桥一带反复选测线路，借鉴南美洲森林和矿山早期修建铁路的经验，在反复勘探京张全线的一山一丘、一沟一壑后，经过精密测算，他最终选定关沟段为最佳线路，比外国人原来提出的线路要少建2 000多米的隧道。

京张铁路从1905年9月开始动工，于1909年9月正式通车，全长201.2千米，起于北京丰台，经八达岭、居庸关、沙城、宣化，至河北张家口止。为铁路铺设而修建的桥梁总长便达2 300多米，其中最长的怀来大桥，由7根30米左右的钢梁架设而成。居庸关山势高，岩层厚，八达岭地层全是坚硬的花岗岩。工程开始时进度缓慢，工人们手持钢钎，挥舞大锤，日夜赶工，一个工作面每天掘进0.6米至0.9米，效率较低。詹天佑便采用直井凿法，从山顶中部打口直井，其中竖井深33米、直径3米，分别向洞的两端开挖，形成6个工作面同时开挖，效率大为提高。而对于一些高坡陡地地段，詹天佑将线路引进青龙桥东沟设站，经此折返通过八达岭，把铁路铺成“人”字形（也称“之”字形）折返线，用两个火车头将列车前拉后推。

在隧道修建过程中，詹天佑还创造了从隧道两头往中间凿进，以及在两头距离的中间凿井、再向两端凿进等新的施工法，以扩大开挖隧道工程的工作面，提高工作效率，加快进度。同时，采用我国传统的建造拱桥的经验，在隧道中及时砌上边墙环拱，防止刚开凿出的隧道塌方。此外，还修建了排水沟，代替抽水机排水，保证了隧道的施工。

左：怀来大桥

右：居庸关隧道北口

京张铁路建成通车后，由于朝野对詹天佑一致推崇，清政府授予他工科进士第一名，这也是中国科考制中最后一年的进士。1912年9月6日，踌躇满志的孙中山从北京乘坐火车视察京张铁路，在张家口火车站发表演说，高度褒扬了詹天佑创造的这一为民族争光的惊世之作。

京张铁路之后，詹天佑除主持修筑张家口到绥远的铁路外，还应邀担任川汉和粤汉等商办铁路的主要负责人，努力培养中国自己的铁路技术人员。1911年，他投身保路运动，以实际行动支持辛亥革命。他还积极参与孙中山提出的建筑10万英里（约161 000千米）铁路的宏伟计划，并制作详尽的规划与措施。

詹天佑不仅是铁路工程专家，还具有卓越的管理才能。早在1905年京张铁路修筑之初，他便制定了各级工程师和工程学员的工资标准，并与考核制度结合实行，这在当时无疑极具先进性和革命性。1916年，作为交通部技监的詹天佑在主持全国交通会议时，拟定了130项包括勘测全国铁路、统一路政、制订标准、人才考绩管理以及整顿交通财政等在内的决议案。1917年，香港大学因詹天佑为我国早期铁路标准化和法规建设所做的巨大贡献，授予他名誉法学博士学位。

1919年4月24日，詹天佑在极度紧张的工作中病倒，最终因操劳过度而不幸过世，享年58岁。为纪念詹天佑对中国铁路事业做出的贡献，1922年，在由北京至八达岭铁路线上的青龙桥站，建造了一座詹天佑的铜像；1987年，在附近又建立了詹天佑纪念馆。

四、晚清时期的造船工程师

1. 福州船政局

洋务运动中，左宗棠开办的福州船政局也一度在国内大名鼎鼎。

左宗棠是洋务运动的积极倡导者之一，他很早就酝酿建造船厂。1864 年，他曾在杭州制成一艘小轮船，“试之西湖，行驶不速”。1866 年 9 月，左宗棠调任陕甘总督，赴任前推荐前江西巡抚沈葆桢任船政大臣。

左宗棠把建设船厂看成是富国强兵、得民惠商不可缺少的要务。经清朝廷批准，1866 年 8 月 19 日，左宗棠在福建设立福州船政局，因其位于闽江马尾山下，故也称“马尾船政局”（今马尾造船厂）。它于 1866 年 12 月开工，1868 年基本建成，占地 39.4 万平方米，主要由铁厂、船厂和学堂三部分组成，设有铸铁厂（翻砂车间）、轮机厂（动力车间）、合拢机器厂（机器安装车间）、钟表厂（仪表车间）、锤铁厂（锻造车间）等 18 个主要的车间，是当时远东最大的近代造船厂，日本横滨、横须贺铁工厂的规模无法与之相比。

船政局初期聘法人日意格、德克碑为正副监督，总揽船政事务，并雇用几十名法国技师和工头。1869 年 9 月，船政局建造成功第一艘兵商两用轮船“万年清号”，排水量 1 370 吨，主机功率 432 千瓦，螺旋桨推进，功率和吨位都大大超过日本同期仿造的“千代号”和“清辉号”。1874 年前，船政局共造大小炮船 15 艘，用以装备福建海军。后来，日意格等外籍工程师去职后，船政局的工程管理由中国工程师独立主持，至 1897 年船政局又造成小轮船 21 艘，均系兵船。

福建船政局自 1866 年创建到清末，共建造 40 艘兵船，产量占同期国内 58 艘自制兵船的 70%。

2. 中国第一代造船工程师——魏瀚

1867 年，福州船政学堂创办。同年 2 月，17 岁的福州人魏瀚（1850—1929）成为这个新式学堂前学堂（造船专业）的学生。在此后 5 年时间里，他学习了代数、几何、几何作图、物理、三角、解析几何、微积分、机械学等课程。1875 年，船政局选派优秀毕业生出国深造。已在船政局担任技术工作的魏瀚遂被派往法国，最初学习轮船制造技术，而后又赴马赛、蜡逊等地的造船厂实习。清政府还聘请法国教师万达为魏瀚等人讲授数理、机械学等课程。1879 年 12 月，魏瀚学成回国，被委任为福州船政局工程处"总司创造"，相当于今天的总工程师。此后，以魏瀚为代表，包括陈兆翱、郑清濂等工程技术人员在内的工程处，逐渐取代了外国专家的办公所，成为船政局的技术指导中心。

1880 年，魏瀚等奉命主持制造巡洋舰，设计图纸购自法国船厂。他们按图测估，指导工人工作，历时两年有余。1883 年 1 月，军舰下水，命名"开济号"，这是船政局制造的第一艘巡洋舰。舰身长 88.6 米，宽 12 米，推进功率 2 400 匹，排水量 2 200 吨，被时人称为"中华未曾有之巨舰"。

中法战争后，魏瀚目睹中国军舰落后的状况，向左宗棠提议仿造法国钢甲兵舰，使外敌"不敢轻率启衅"。左宗棠非常赞同，在取得清廷批准后，即派魏瀚出国购买钢材，运回福建。1886 年 11 月，由魏瀚、陈兆翱分工主持的钢甲兵舰开工制造。该舰从设计、计算、绘图直至施工制造都由中国人自己完成，前后历时一年有余，于 1888 年 1 月 29 日顺利下水，命名"龙威号"。

1903 年，魏瀚升任船政会办，职位相当于副厂长。上任后，他对船政局进行了整顿，巧妙地运用国际法和外交知识，迫使法国政府撤走贪黩擅权的洋监督杜业尔，起用中国留学毕业生杨廉臣主持制造。他根据中国沿海防务的需要，向清政府建议先造快艇，得到各方认同。1905 年，魏瀚由于反对利用船政局铸造铜币，被清廷革职。此后，他先后担任广东黄埔造船所总办、广九路总理等职，1910 年被调到海军部担任造船总监，直至辛亥革命后的 1912 年 8 月，他又回到福州船政局担任局长。

作为第一代造船工程师，魏瀚为近代中国的造船事业做出了重大贡献。

五、晚清时期的通信工程师

1. 中国电报总局的建立

中国幅员辽阔，内陆更是纵深悠长。西方列强攫取中国沿海沿江的航运权后，意欲从通商口岸向广阔腹地伸展，以扩大商品输出市场，谋求更大利润。为此，他们以“帮助”清朝发展现代通信和陆上交通为由进入这一市场。

西方部分国家刚刚完成第二次工业革命，在技术上引入电报系统并非难事，关键是要取得清政府的同意。从 19 世纪 60 年代开始，各国纷纷要求在华设线，但都没得到批准。晚清的官员对开办电报大多持否定的态度，后来还是李鸿章相对清楚地认识到电报的实用价值，向清政府提出“自立铜线”的办法，以抵制外来势力入侵。但由于当时政府保守派势力过于强大，开办电报事业的时机尚未成熟。

1870 年，以英国为首的西方国家向清政府提出改陆线为海线的新要求，申辩说设置海线对中国主权并无窒碍。愚昧的清廷根本不知领海权的意义和利益内含，竟然同意了这一无理要求。自此西方列强纷纷在中国沿海设置海线。当时最活跃、力量最强大的是英

李鸿章

国大东电报公司，他们先擅自在川沙、上海等地私铺电报线，1870年后更有恃无恐，将业务范围从香港延至上海。受沙俄控制的丹麦大北电报公司也于1871年将海线由香港、厦门接至上海，并经营上海至吴淞陆线。法国、美国等国家也争先恐后，不断向清政府条陈设置电报线，并擅自在通商口岸架线收发电报。如此一来，中国的海线电报利权就几乎全被外人把持。

数年后，洋务运动中我国自己兴办的军事工业和民用工业渐具规模，与外界经济联系日益增多，商业信息也愈显重要，而边疆危机日益严峻，在这种情况下，洋务派开始着手发展电线电报业。1874年，日军侵犯台湾，洋务派代表人物沈葆桢率军支援。在军事实践中，他感到“断不可无电线”，提议创办电报。然而，由于保守派反对和洋商借机敲诈,其建议未能被采纳。李鸿章并未放弃，继续上奏，但依然劳而无功。

直到1879年，李鸿章在天津鱼雷学堂教官贝德思的协助下，在大沽北塘海口炮台和天津之间架设了一条电报线，长约64.4千米，5月开始使用。这条线路成为中国自建电报的开端。1880年9

月 16 日，初尝新技术甜头的李鸿章以电报有利防务、便利通信为由，奏请铺设天津至上海的陆路电线，以使南北声息相通，提出所需费用由北洋军饷筹垫。这项提议终于得到清廷批准，李鸿章遂在天津设立电报学堂，培养训练电报专业人才。紧接着，李鸿章创立电报总局，委派盛宣怀为总办，并计划在大沽口、紫竹林以及苏州、上海等地设立分局，指派郑观应为上海电报分局总办。

为杜绝洋商侵蚀中国权利，李鸿章接受盛宣怀的建议，决定仿照轮船招商局的办法，募集商股，自建津沪陆线。1881 年 4 月，架线工程开工。同年 11 月，津沪陆线竣工，实现了南北两大城市信息相通。

英国公使格维纳见津沪线开通，趁机请求添设上海至广东各口岸及宁波、福州、厦门、汕头等口岸的海底电线。李鸿章与总理衙门反复函商后拒绝。1882 年 11 月间，英、法、美、德各国公使向清政府请求在上海设立万国电报公司，打算增设上海至福建、香港等各口岸海线，甚至不待清廷批复，英商便径自装运材料前往各口岸准备架设。就此李鸿章提出“华商独造旱线，则外国海线必衰”，在得到总理衙门同意后，李鸿章委派盛宣怀至上海实施陆线架设工程。

这时，港粤商人已经组织了华合电报公司，从广州架设陆线到九龙连接香港。李鸿章便命上海电报局赶建苏浙闽粤陆线，以与华合公司的陆线相接，希望英国见无利可图自动放弃设线活动。该线 1883 年 2 月开始兴建，从浙江动工，自北而南逐节架线，于 1884 年春夏之交完成。这样一来，上海成为连接南北电线的枢纽，电报总局遂从天津迁到上海。

2. 中国电报工程的奠基者

当年留美幼童中的部分人才日后成为了中国电报工程的奠基者。刚归国之际，留美幼童中的 21 人就被派到中国第一条陆路电报线——津沪线学习和工作。第二年，中国第二条电报干线——苏浙闽粤线兴建，又有一批归国留美幼童参加了全线的勘探工作。此后不久，又参与兴建了湖北、四川、云南、陕西、甘肃等省的电报干线。

服务于电信局的回国留学生首推唐元湛。唐元湛 1873 年抵美，就读于新不列颠高中。回国后一直在电信界工作，前后 32 年，曾担任过电信界最高官职电信局总办。

在中国电报事业史上影响最大者要数周万鹏。周万鹏是第三批留美幼童，曾主持规划和勘测宁汉、桂滇等电报干线，由于非凡的工作能力以及所取得的成就，他得到了清政府的嘉奖：1895 年，电报总局督办大臣盛宣怀特奏报嘉奖朱宝奎（第三批留美幼童）、黄开甲（第一批留美幼童）、周万鹏、唐元湛等留学生对电报事业的贡献。周万鹏历任上海电报总局会办、提调、总办等职，邮传部成立后任技术监督。1907 年，周万鹏代表中国出席在葡萄牙首都里斯本举行的万国电约公会。会后不久，他将西方各国的电报政策、技术规范章程予以搜集、整理，辑成《万国电报通例》，由邮传部在全国颁行，对中国电报技术的规范化和与国际接轨做出了贡献。周万鹏还关注世界电报业发展的最新成果，注重中国电报技术设备的更新。1909 年他在上海将电报局使用的旧莫尔斯机全部更新为当时世界上最新使用的韦斯敦机，努力向世界电报业的高水平看齐。民国初年，周万鹏担任邮政督办，他与 1907 年担任邮传部左侍郎的朱宝奎，“秉公执法，量才录用，审度理势，弭患无形，使近代电报业有了长足发展。”

方伯梁，1873 年赴美，高中毕业后入麻省理工学院学习理科，大一时被召回国，后入天津电报学堂，历任苏州、广州电报局局员，广州电报学堂教员，粤汉路电报部主任等职。

冯炳忠（第四批留美幼童），负责广州电报局事务。

孙广明（第三批留美幼童），回国以后一生从事电报事业。

梁金荣（第二批留美幼童），江西电报事业的开拓者，曾任江西电报局长。

中国邮电事业的起步及其向现代化方向发展，是与这些留美幼童的努力分不开的。

中国工程师史 第二卷

第二章

振兴实业——民国时期的工程师

1916 年，孙中山在上海哈同花园留影

一、近代社会变革与工程师的生存环境

1. 辛亥革命与《建国方略》

1911 年 10 月 10 日，中国爆发了资产阶级民主革命——辛亥革命，从而结束了长达两千多年之久的封建专制制度。1912 年元旦，孙中山宣誓就职，定国号为中华民国，并以 1912 年为民国元年。遗憾的是，不到两个月，即 1912 年 2 月 13 日，孙中山辞职，临时参议院选袁世凯任临时大总统，首都迁至北京，辛亥革命的成果被袁世凯篡夺。此后至 1928 年南京国民政府完成二次北伐，立南京为首都，这段时期史称"北洋时期"，该时期的中华民国政府也称为"北洋政府"。

在此期间，孙中山完成了对中国社会产生重大影响的三部著作——《孙文学说》《实业计划》《民权初步》。《孙文学说》又名《知难行易的学说》，后编为《建国方略之一：心理建设》。《实业计划》是孙中山为建设一个完整的资产阶级共和国而勾画的蓝图，最初用英文写成，原名 *The International Development of China*，1919 年 2 月完稿，发表于 1919 年 6 月号《远东时报》，后编为《建国方略之二：物质建设》。《民权初步》又名《会议通则》，是一本关于民主政治建设的论著，后编为《建国方略之三：社会建设》。这三部著作被后人合称为《建国方略》，在中国近代思想史上占据着不可磨灭的地位，尤其对中国工程建设和工程师的社会地位产生了积极的影响。

在其《实业计划》中，孙中山用洋洋十万余言，勾画了中国工农业、交通等实现现代化的宏大设想。中国幅员辽阔，物产丰富，拥有强大的资源优势。针对如何将这种资源优势转化为强大的经济优势，孙中山提出，第一次世界大战的结束，给中国带来了千

孫文學說序

文奔走國事三十餘年畢生學力盡萃於斯精誠
無間百折不回滿清之威力所不能屈窮途之困苦所不能
撓吾志所向一往無前愈挫愈奮再接再厲用能鼓動風
潮造成時勢卒賴全國人心之傾向仁人志士之贊襄乃得
乃能萬衆一心急起直追以我五千年文明優秀
之民族應世界之潮流而建設一政治最修明人民
最安樂之國家為民所有為民所治為民所享者也
則其成功必較革命之破壞事業為尤速尤易也時
民國七年十二月三十日孫文自序於上海

《孙文学说》书序部分

载难逢的发展机遇。因为各参战国，特别是西方列强都需要为在战争中制造出的大规模的机器设备寻找销售市场，为由战争而组织起来的大量人力谋求工作之所。而当时的中国正需要大量的机器来开发矿产资源、建造工厂、扩张运输业、发展公共事业，恰好能够满足这些国家的需求，为他们提供巨大的市场。西方列强的大量军用物资可以转为民用，如此，对于双方的经济发展皆有所益。故而孙中山认为，他所构思的实业计划是面向世界的，同时通过借助国际力量来发展中国，最终解决世界的军事战争、商业战争和阶级战争三大问题，推动世界和平和文明的发展。《实业计划》由六大计划共 33 个部分组成，其中特别强调了工业基础设施的建设。

第一计划，核心是建造北方大港，选址在渤海湾，即大沽口和秦皇岛的中间，冬天不结冰，无河流淤泥，能与北部、中部内地水路相连，居于中国最大的盐产区。以北方大港为起点建设西北铁路系统，该系统由八线组成，自东而西、由南而北，延展于

孙中山先生建国方略图

整个中国的东北、北方、西北大地上，远至边陲。若是修成西北铁路系统并与西伯利亚的铁路相联络，则北方大港将成为整个沿线上距离海边最近的海港。

第二计划，核心是建造东方大港。该港的建造地址有两种方案：一种方案是选择在杭州湾，位于乍浦岬和澉浦岬之间。此处为杭州湾中最深的部分，达 40 米左右，可以停泊当时世界上最大的远洋货轮，且无河流淤泥。同时，此处尚属未开发地区，一切城市规划及交通计划都可以用最新的方法实施，发展实业有充分的自由，而其周围地域广阔，土地廉价，也为城市的未来扩展提供了美好的前景。此外，此港还可与内河、运河、湖泊水系以及铁路系统联络互通，若开发得当，或能超越上海而跃居中国东方第一大商务中心。另一种方案是选择在上海。在上海建造东方大港的最大问题是长江的泥沙淤塞问题，如能妥善解决，上海可被建造成为国际性的大都市。

第三计划，核心是建设南方大港，选址在广州。广州位于西江、

1924 年 11 月 13 日，孙中山自广州出发，至香港转乘春阳丸轮赴北京。
图为孙中山、宋庆龄在春阳丸轮上的留影

北江和东江三河的会合点，是中国土地最肥沃的地区之一。自近代以来，广州就是中国南方最大的头等海港和商务中心。虽然从香港成为英国的殖民地后，广州的国际地位被香港所取代，但它仍然不失为中国南部的商业中心。同时，中国西南地区，包括广西、贵州、四川、云南以及广东和湖南两省的一部分，面积广大，人口过亿，矿产资源和农业资源都十分丰富。若能由广州起，向西南各重要城市、矿产地开辟铁路线，建成西南铁路系统，则可使西南广大地区与南方大港相连，使广州成为中国南方海陆交通的枢纽。

第四计划，核心是开发中国的交通事业，建立比较完备的铁路运输体系，包括：中央铁路系统、东南铁路系统、东北铁路系统、扩张西北铁路系统、高原铁路系统，创立客货列车制造厂，甚至构想了青藏铁路。计划中的西北铁路系统覆盖了蒙古、新疆和甘肃省的一部分，并在第一计划的 7 000 英里（约 11 300 千米）基础上，再扩建 18 条线，全长约 16 000 英里（约 25 800 千米）。高原铁路系统分布在西藏、青海、新疆、甘肃、四川、云南等地，全长约 11 000 英里（约 17 700 千米）。孙中山指出，高原铁路系统的建设应当在其他铁路工程完成之后，国力有所增强之时才能动工。以上铁路系统，如果全部建成，长度将达 10 万英里（约 161 000 千米），必然需要大量的客货列车，因此，必须创立客货列车制造厂。

第五计划，发展农业和轻工业。前四项计划所解决的是中国关键的基础工业问题，当这些问题基本解决之后，其他多种工业都自然会在全国范围内兴起。港口、城市、交通建设，可以解决大量的就业问题，工资将会增高，随之而来的是生活必需品及享受品的价格上涨。所以，除了发展港口和城市建设、交通运输工业之外，还必须发展农业和轻工业，为人民提供丰富的物质生活必需品。

第六计划，进一步开发中国的矿业。孙中山提出，矿业是工业的根本。因为建设港口、城市、铺设铁路、建立工厂等都需要机器，而制造机器又需要大量钢铁，这就必须依靠强大的矿业来支撑。中国矿业包括：铁矿业、煤矿业、油矿业、铜矿业、特种矿的开采业、矿业机器制造业以及设立冶矿机器厂。以上各种矿物资源的开采，都应当由政府统一规划和管理，可以采取公办和私营的方式。为了开采各种矿物质，需要建立矿业机械厂，制造各种矿业所需的器具和机械。与矿业相配套的，还有建立矿物冶炼厂。各种冶炼厂应设立于相应矿区，以便各种金属的冶炼。

遗憾的是时值乱世，《建国方略》中的很多设想都没有得以实施，但后人对其倾尽毕生精力所追求的伟大事业感到赞叹和钦佩，同时，也为中国工程界所面临的光辉未来而感到骄傲。

2. 实业救国与民族工业起步

清末民初，“实业救国”思潮在中国兴起。这种思潮的兴起，与民族危机的不断加深，资产阶级群体意识的形成和资产阶级革命运动的高涨分不开。实业救国论者主张工商立国，反对重农抑商，要求用资本主义工商业取代传统的小农经济，用资本主义的生产方式和经营方式取代封建的生产方式和经营方式。这些思想大大改变了人们的观念，动员了社会各阶层投入到实业建设中来。实业救国需要工程师，中国工程师在这个阶段伴随着民族工业的出现，更加活跃地投身于工程实践之中。

实业救国思潮兴起之初，多数人只是强调商务是致富之源。20 世纪初期，著名实业家张謇却提出用“振兴实业”代替“振兴商务”，并且提出了轻工业以棉为纲、重工业以铁为纲的“棉铁主义”思路，主张集股商办公司、改进工艺、提高产品质量等一系列经营管理方针。辛亥革命后，这些思想被进一步加强，尤其是孙中山提出的经济发展蓝图“实业计划”，反映了民国初年实业救国思潮不断走向深入。

辛亥革命后，从 1912 年到 1919 年，尤其是第一次世界大战期间以及战后的数年，是我国民族资本主义工商业迅速发展的时期。“一战”期间，欧洲各帝国主义国家忙于互相厮杀，暂时放松了对中国的经济侵略，使处于夹缝中的中国民族工业得到发展的机会，这段时期号称是近代商人的“黄金时代”。这一时期新式企业的发展与洋务运动以及清末新政时期的企业发展有着不同的特征。洋务运动是以国家资本主义为主，重点是发展重工业，而“黄金时代”则是以私人资本为主，侧重于发展轻工业，其中以棉纺织业和面粉业最为成功。近代实业家的主要代表人物有范旭东、吴蕴初、方液仙、陈蝶仙等，在他们身边聚集了一大批工程师。

二、抗日救亡与工程师的爱国精神

1931 年 9 月 18 日，日本在中国东北蓄意制造并发动了一场侵华战争，称为“九一八”事变。此次事变后，日本与中国之间的矛盾进一步激化，自此抗日战争在中国爆发。成立于 1912 年的中国工程师学会，作为工程界的领导者与组织者，立即开始了加强国防建设的研讨，为帮助中华民族赢得抗战胜利，学会首先成立了专门的军事研究机构。

1931 年 12 月，中国工程师学会成立了战时工作计划委员会，择定针对兵器弹药、战地工程材料、钢铁、煤、油料、酸及氯、铜锌铝、酒精、皮革、糖、纸、机械、电工、运输等 14 项进行研究。1932 年 2 月，中国工程师学会上海分会成立了国防技术委员会，并制定了详细章程。该委员会每日下午集会，就军事技术、国防计划、国防问题等开展研讨，直至上海沦陷才转移到后方。

1937 年 7 月 7 日深夜，卢沟桥事变爆发。日军先后攻陷华北、淞沪、南京，侵占中国大量领土。抗日战争期间，国共合作形成了抗日民族统一战线，全国人民团结抗战。西南和西北地区成为中国抗战的大后方。日本对沦陷区的工矿企业采取了军事管理、委托经营、中日合办、租赁、收买等多种掠夺方式，大肆掠夺占领地区的工矿企业，严重破坏了中国经济。当时，战地工事、枪炮、电信、弹药等军事工程技术方面的需求极为迫切。1937 年 9 月，中国工程师学会在战时工作计划委员会基础上又成立了军事工程团，1938 年改为军事工程委员会，集中开展与军事有密切关系的土木、机械、化学、电信等工程的研讨。陈体诚、胡庶华、凌鸿勋、翁文灏、恽震、沈怡、罗英、茅以升等科技专家和工程师当时都是学会的积极参与者。

1. 翁文灏与西南大开发

“九一八”事变后，国民政府针对日本侵略威胁，开始有计划地为长期抗战做准备。1932 年 11 月 1 日，国民政府正式成立国防设计委员会，开始进行中国的国防调查、统计、设计和计划工作。1935 年 4 月，国防设计委员会由参谋本部改隶军委会，更名为“资源委员会”（简称“资委会”）。1938 年 3 月，资委会改隶经济部，时任经济部部长翁文灏兼任主任委员。资委会为国民政府属下一专门负责工业建设的机构，其兴办的工矿企业是国民政府国家资本的重要组成部分。

负责这一工作的官员学者翁文灏（1889—1971）是浙江宁波人，1908 年，他考取浙江省官费留学资格，赴比利时留学。他最初填报的志愿是铁路工程，后来改学地质学，并于 1912 年获得地质学博士学位，是近代以来中国第一个获取地质学博士学位的人。学成归国后，翁文灏担任过北洋政府地质调查所所长、北京大学地质学教授、清华大学代理校长等职。1932年，翁文灏担任国防设计委员会（即资委会的前身）秘书长，后又历任国民政府行政院秘书长、行政院副院长、院长等职。他不仅是我国现代地质学的奠基人，而且对抗战期间中国大西南的开发做出了重大的贡献。

抗战爆发，中日战争进入相持阶段时，大后方急需各种物资，尤其是军用物资需求更大。由于抗战前全国工厂总数的 60% 集中在上海、天津、武汉、广州等大城市，需将一大批国营厂矿、兵工厂及上海等地的民营企业内迁。1937 年 9 月 27 日，资委会秘书长兼工矿调整委员会主任委员翁文灏主持会议，就内迁的原则、路线等作了专门研究。内迁的原则是人才第一，图样次之，机器材料再次之。从 1937 年 8 月中旬到 11 月 12 日上海沦陷，共有 148 家企业从上海迁至内地，其中包括 2 100 多名工人，12 400 余吨的机器设备。

鉴于工业是国防力量的基础，翁文灏在西南地区积极发展钢铁业、机械制造业、电器制造业、电力业、石油业等。根据抗战前翁文灏对煤铁资源蕴藏情况的调查，计划将后方钢铁业的基地设于四

翁文灏（1941年摄）

川、云南。为此，他首先积极开发川、滇两省的綦江、涪陵、彭水、易门等铁矿。企业内迁西南后，迫切需要解决电力问题。在翁文灏领导下的资委会决定将原汉口、宜昌、长沙等地发电设备内迁西南，并创办新电厂，在成、渝、昆三个地区，设立电厂，建设电力供应网，以供企业所需。

翁文灏组织的沿海厂矿内迁，对包括西南在内的大后方经济开发产生了巨大的影响，也为抗战奠定了一定的物质基础。在翁文灏主持下的资委会优先发展重工业，生产大量的军用物资和生活资料，不仅增强了广大军民持久抗战的信心，也为抗日战争提供了军用物资，同时，缩小了东西部地区之间的发展差距。西南形成了不少工业区，引进了先进的管理经验和众多的技术人才。

2. 卢作孚与民生公司——“中国实业上的敦刻尔克”

卢作孚（1893—1952），原名魁先，别名卢思，重庆合川人。著名爱国实业家、教育家、社会活动家、民生轮船公司（现民生集团的前身）的创办者。早年积极参与通俗教育活动，创办过民众通俗教育馆、博物馆、图书馆、运动场、音乐演奏室等文化娱乐场所，集中培养了一大批工程技术人才和文学艺术家。后投身实业，创办了民生实业公司，设想以轮船航运业为主，兼及其他实业，立志将实业与教育结合起来，培养科学技术人才，促进社会进步，以达到振兴中华的目的。

抗日战争爆发后，卢作孚受国民政府之命，接受了抗日军运和撤退运输的国家任务。民生公司集中了长江中下游的全部船只，配合招商局、大达、三北等多家公司，将上海、无锡、苏州、常州等地的学校、机关和500余家工厂，运往长江中上游。1937年11月，战局恶化，国民政府决定由南京迁往武汉。卢作孚又调集船只，往来接送政府机关人员、南京各学校的师生以及物资。为了帮助运输中央大学的大型设备，卢作孚下令改造船舱，将大学所有的仪器、图书、实验用的各种动物，全部运往重庆，使其复课。同时从芜湖抢运金陵兵工厂的设备和人员到长江中上游，从武汉接运撤退的兵工厂和钢铁厂到西南大后方。在南京沦陷之前，全部机器设备都已运完，未落入敌手。

1938 年，日军进攻武汉。撤退到武汉的工厂、机关、学校和成千上万的难民又急需撤退到长江上游。但长江上游滩多浪急，有的地方仅容一船通过；船只太小，运力有限；旱季又将来临，情况十分危急。10 月 23 日，卢作孚到宜昌召集各轮船公司负责人开会，根据长江上游的水文情况，制订出最佳的运输方案。决定将宜渝航运分三段进行，大型设备、重要物资专船直运重庆，返程运出川抗日军队，同时增加码头搬运工 3 000 人、征用木船 850 艘、增加三峡险滩段纤夫，昼夜装运。同时下令将二等以上铺位都改为坐票，增加载客量，客票公教人员折半，难童全免，货物运费一折。

日军对宜昌和川江航线的轰炸越来越密集，几乎每天都有物资受损的消息传来。卢作孚怀着强烈的义愤，紧张地指挥着撤退抢运和各种善后工作，终于在宜昌陷落前将拥塞宜昌的 3 万多人员和 9 万多吨设备器材全部运完。其间还遇到了前所未有的技术难题，如面对如此数量和体积的大型物件，公司培养的技术人员发挥了极大的创造力，在较大的轮船上安装较大的起重吊杆，解决了大型机械设备起卸的问题，创下了长江上游货船装卸大件的记录。此次撤退不仅体现了卢作孚的爱国精神和指挥能力，还发挥了他所倡导的工程技术和科学教育的重大作用，被誉为“中国实业上的敦刻尔克”。

3. 战时建设中的工程师

（1）杜镇远与湘桂、滇缅铁路

杜镇远（1889—1961），字建勋，1889 年 10 月 2 日生于湖北秭归。先后就读于成都铁路学堂、唐山路矿学堂，攻读土木工程。1919 年，被选派赴美国信号公司学习，次年进入康奈尔大学攻读硕士学位。

1926年回国，历任北宁铁路京榆号志总段工程师、南京建设委员会土木专门委员、杭江铁路工程局局长兼总工程师、浙赣铁路局局长兼总工程师等职。

1937年7月，出于抗战需要，急需修筑衡阳至桂林的铁路，即湘桂铁路。杜镇远临危受命，毅然挑起重担。为了节省资源，他亲自勘测并选定路线，运用“分段施工”的思想，将全线分为10个工段，局内工程技术人员下派到各个工段指导施工。同时，采用“中央与地方合资”“技术队伍与民工结合”的方式，以每天筑路1千米的记录快速铺轨。湘桂铁路的建设，对日后政府、军工企业、学校等内迁起到巨大作用，杜镇远也功不可没。

1939年3月，沿海港口被日军封锁，国民政府为了沟通与缅甸的国际交通，急调杜镇远赶修滇缅铁路。滇缅铁路东起昆明，西经湘云、腊戍进入缅甸，全长950千米。由于地处峡谷，环境恶劣，施工难度极高，疟疾横行，人员伤亡较多。身为总负责人，杜镇远亲临前线，与众多技术人员与施工者一起，克服重重困难，加快施工。1942年，日军大举入侵缅甸。5月，蒋介石亲自电令办公公署破坏滇缅铁路路基。至此，滇缅铁路付诸东流。尽管未能全线通车，但昆明至平浪约100千米铁路的通车运营，仍为抗战期间的物资运输做出了不可磨灭的贡献。

（2）钱令希与叙昆铁路

钱令希（1916—2009），1916年7月16日生于江苏无锡。1936年以土木科第一名的成绩，毕业于上海中法国立工学院。同年被保送至比利时布鲁塞尔自由大学，两年后毕业，并获“最优等工程师”称号。钱令希满怀抗日救国之心，回国后，即被刚成立的叙昆铁路局录用。叙昆铁路计划从四川的叙府南达云南的昆明，然后与滇缅铁路接通，以期为全民抗战打开一条国际通道。刚参加工作，钱令希便和一位老工程师一起在人烟稀少的西南边陲翻山越岭，风餐露宿，进行桥梁踏勘。凭着两条腿，在140多千米的线路上，为上百个大小桥梁、涵洞定位定型。

叙昆铁路后因经费不足、物价上涨等原因未全线修通，但昆明曲靖段基本修通。该段铁路不仅加强了重庆与云南地区的联系，而且对运输战时物资、人员起到了极大的作用。

（3）芷江机场的扩建

芷江机场是二战时期盟军远东第二大机场，不仅是中国人民抗战胜利的见证地，亦是中美空军携手抗日的“功臣”。1937 年国民政府迁都重庆后，深感位于黔楚咽喉的芷江战略地位十分重要，因此由航委会敦促要求湖南省政府，将 800 米见方的芷江机场扩修为 1 200 米见方的大型战略军事机场，且须在半年内完成。

扩修任务包括跑道、停机坪、机窝、隐蔽弹药库及排水道等。当年几乎完全没有机械，挖土、运土、滚压等繁重劳动，全靠人工挖掘、背负、肩担，民工劳动强度极大。三四十吨重的水泥大石磙，上百人拉着滚压机坪，还从河里捡运鹅卵石，仅垫实跑道就需达 24 000 立方米。时任中国航空委员会顾问的美国人陈纳德对机场的修建提出了许多宝贵意见，并对中国民工的吃苦耐劳精神充满着深深的同情和感佩之情。完全凭着人力，一个后来在抗战中发挥重要作用的军用机场就这样建了起来。

1938 年 10 月机场竣工后，苏联志愿空军中队、中国空军第二大队、中国空军美国志愿援华航空队即“飞虎队”等空军部队先后进驻。1944 年初至 1945 年 8 月，中美空军的大批战斗机、侦察机、轰炸机、运输机聚集在芷江机场，最多时达 400 余架。

芷江机场作为国民政府的前线机场和中美空军的重要军事基地，在夺取制空权、空战歼敌等方面，发挥了重要作用，而指导机场扩建的工程师们与广大民工的贡献也将被历史永远铭记。

（4）中国著名航空设计师——陆孝彭

陆孝彭（1920—2000），祖籍江苏常州，1920 年 8 月 19 日生于上海。1937 年考入南京中央大学航空工程系，同年随校西迁到重庆沙坪坝。1941 年以优异的成绩毕业，被分配到昆明飞机第一制造厂设计科当制图员，后又调到南川飞机第二制造厂当设计员。

1942 年，第一飞机制造厂开始了对前掠翼飞机“研驱一”型驱逐机的探索。陆孝彭认为，前掠翼沿结构曲线方向的弯曲变形会使外翼沿气流方向增大迎角，增加外翼部分升力，进一步增加机翼的弯曲变形。在足够大的速度下，这种现象会形成恶性循环，直到使机翼弯曲折断。要改变这种现象，必须增加机冀抗弯强度。然而，当时中国航空工业基础弱、底子薄，根本不可能提供满足要求的高强度材料。因此，在当时研制这种飞机的条件并不成熟。

1943 年，陆孝彭到达南川第二飞机制造厂。当时厂内有一个大溶洞，抗战时期在该溶洞中曾经生产过近百架飞机，其中包括第一架国产运输机“中运”1 号。陆孝彭参与过“中运”1 号的设计工作。当时为了加快进度，大家一边设计出图，一边进行生产。到 1942 年秋基本完成总体设计、理论模线绘制、气动力计算、载荷分布、重量分配、强度计算等工作。由于没有风洞，所需一切空气动力学数据均取于书刊杂志，由设计人员鉴别选用。1944 年 8 月终于完成了设计，总装出首架飞机，被命名为“中运”1 号。随后，这架飞机在山洞里试过很多次。由于附近没有大片平地作试飞机场，飞机必须先拆散，分装在几辆载重汽车上，运到 100 多里外的重庆白市驿机场，再组装起来才能试飞。尽管条件和工作非常艰苦，然而封锁、轰炸，挡不住年轻航空创业者的热情，和陆孝彭一起工作的不少都是后方院校的毕业生，有航空、机械、土木、电机、化工等方面的工程技术人员。在战时困难的条件下，大家利用现有技术水平和制造能力，利用库存器材，在没有参考样机的情况下，充分发挥聪明才智，竟然在短短两年内就试造成功了“中运”1 号运输机，这不能不说是一个奇迹。由于当时金属材料缺乏，南川第二飞机制造厂制造的飞机大多是木质结构。“中运”1 号是一款木质双发运输机，全长 11.05 米，起飞重量 4 537 千克，最大速度 324 千米 / 时，航程可达 1 600 千米。机身、机翼和尾翼都是用银松作骨架，外用桦木三层板作蒙皮。这些珍贵的木料都是抗战前的存货。飞机表面包了蒙布，进行了喷漆处理，机身上面是军绿色，腹面则漆成天青色。

机舱内设正、副驾驶员和领航员座位，另有 8 个旅客软座。

新中国建立后，陆孝彭先在北京南范飞机修理厂负责修理各型教练机、运输机。后历任“歼教 1”的主管设计师和“强 5”飞机的主管设计师，在“强 5”飞机研制中恰遇国民经济大调整而被迫暂停。1965 年 6 月 4 日，“强 5”飞机终于升空，填补了中国航空工业的一项重要空白。1995 年，陆孝彭被选为中国工程院院士。

4. 战斗在敌后抗日根据地的工程师

（1）陕甘宁“边区工业之父”——沈鸿

沈鸿（1906—1998），1906 年生于浙江海宁，13 岁到上海一家布店当学徒。1931 年春，他与几位朋友集资合伙在上海办起了五金厂，自己任厂长兼工程师，专门生产各种民用锁、机床、汽缸、模具、阀门等机器，从此开启了工程设计师的生涯。

抗战爆发后，沈鸿决心将企业内迁，为祖国贡献自己力量。当时，中国共产党正呼吁各地工程技术人才到陕甘宁边区工作，为抗战出力。沈鸿通过别人介绍，和八路军牵上了线，并在八路军的资助下，添置了一批物资，并从武汉出发，辗转多地，数月后到达距离延安不远的安塞县。沈鸿很快被任命为陕甘宁边区兵工一厂机械总工程师。他的五金厂，对发展陕甘边区的工业经济起了很大促进作用。他带来的“母机”是制造机器的机器，以此为基础，开始制造出一些新型母机。此外，沈鸿还为化工厂、轧铅室、炼铁厂、延安飞机场、造币厂、造纸厂设计建造过各种机器设备，巧妙地解决了生产中的各种问题。此外，沈鸿还为边区工业培养了一支骨干队伍。他坚信，要保证工业的发展壮大，就必须提高生产工人的技术水平。所以，他除了每天自己努力工作外，还连同其他精通算术、代数、几何、物理、材料学和操作工艺的人员一起，对工人开展知识教育。沈鸿讲课耐心细致，深入浅出，趣味性强，职工爱听。

1944 年，随着陕甘宁边区各类工厂数量不断增加，在厂职工人数发展到一万多人。边区工业初步改变了原有以纺织、造纸、制药等轻工业为主的工业格局，机器制造、军工、化工等重工业蓬勃发展。在边区工作期间，沈鸿除三次荣获特等劳动模范称号，还获得了边区劳动英雄和模范工作者等荣誉。1942 年，毛泽东在延安凤凰山窑洞里接见了沈鸿，赞誉他为“边区工业之父”，并亲笔手题“无限忠诚”以示褒奖。

（2）“中国的保尔”——吴运铎

吴运铎（1917—1991），祖籍湖北武汉，1917 年 1 月 17 日生于江西萍乡安源煤矿一个矿工家庭。曾在煤矿的电机车间当过学徒，后投奔新四军，被分配到修械所工作，开始了他的兵工生涯。

1941 年 2 月，新四军在江苏盐城决定成立军工部，下设三个兵工厂：一厂生产炮弹，二厂修理枪炮，三厂生产子弹。吴运铎被分配到三厂，担任政治指导员兼工务主任，主要负责研制各类武器。当时根据地物资匮乏，基本生产原料严重不足。吴运铎通过反复试验，想尽一切办法克服此类问题。他将回收的空弹壳用钢模重新压制，使它恢复原形，再造成子弹壳；把那些不能用的裂口空弹壳剪开，锤成薄片，代替火帽的用料；将雄黄和洋硝混合配制，代替火药；用铜板在弹头钢模压成空筒，做成尖头的子弹头，里面灌上铅；甚至将从敌人手里缴获的各种炮弹一个个拆开，取出里面的发射药，碾成碎末，来做子弹的发射药。

1941 年 7 月，新四军司令部决定把从苏北来的 40 名军工分配到华中各根据地去，建立更多的兵工厂。吴运铎等 9 人被分到罗炳辉领导的新四军二师淮南敌后抗日根据地，负责在淮南建立一个年产 60 万发子弹的兵工厂。1942 年夏天，吴运铎又接到命令，要求他修复一批缴获的迫击炮弹。然而当时子弹厂缺乏引火的炸药——雷汞，于是他决定从废旧的雷管中挖汞。不幸的是，在操作过程中，雷管意外爆炸，吴运铎受了重伤。昏迷十多天后，他一醒来便要求回工厂继续工作。此后，经过反复试验，吴运铎还成功研制了新型枪榴弹，射程比先前的增加了一倍多。这批枪榴弹在 1943 年 8 月的桂子山战斗中立了大功。

（3）投身冀中抗日根据地的工程师

抗日战争时期，敌后根据地活跃着许多优秀的工程师，如刘鼎、陆达、李强、高原、钱志道、陈志坚、梁松方、郭栋才、张华清、程明升等，都在各自的工程技术领域无私地奉献着。其中，位于北平、天津、保定之间的晋察冀边区的冀中根据地，活跃着一批平津大学师生组成的工程师队伍，为该根据地的发展壮大做出了特殊的贡献，被誉为“边区工程师”。

清华大学物理系毕业生熊大缜，才华出众，他的红外光照相术研究深得其导师物理学家叶企孙赞赏。1935 年，熊大缜毕业留校任教，任叶企孙的秘书，叶企孙本已安排好熊大缜去德国留学，却被忽然爆发的卢沟桥事变暂时耽搁。后在叶企孙的支持下，熊大缜去了冀中根据地，立即在冀中军区供给部设立技术研究社，研制生产烈性炸药。叶企孙还亲自从天津到北平，动员清华大学化学系毕业生、在中国大学任讲师的汪德熙去冀中根据地帮助解决氯酸钾炸药的稳定性难题。

汪德熙去冀中根据地后两次秘密返回天津，向叶企孙求助，要TNT，还要雷管。叶企孙安排清华大学化学系毕业生林风潜伏在天津的一个油漆厂，秘密配制 TNT。并把成品 TNT 混在肥皂箱中，源源不断地输送到根据地。而清华大学毕业生李琳、物理系实验员阎裕昌根据叶企孙的要求，负责向根据地运送制造雷管的原料。

燕京大学物理系研究生张方、技术员军陶瑞等平津大学理工科的人才，也陆续来到冀中根据地，他们在技术研究社里大显身手，造炸药、改枪械、研制通信设备。1938 年 9 月，技术研究社自制氯酸钾混合炸药首次在保定附近的铁道线投入实战。保定以南、以北各有一爆破组实施攻击，分别由汪德熙、军陶瑞负责。一声巨响，爆破组引爆成功，这一震动华北日军的爆破行动，宣告了根据地自制氯酸钾混合炸药的成功。此后，这种炸药被装进了八路军的地雷、手榴弹、炸药包。新中国成立后，汪德熙成为我国核化学的奠基人，为原子弹、氢弹的研制做出了巨大贡献。

三、民国时期的冶金与矿业工程师

1. 汉阳铁厂与中国第一批冶金工程师

张之洞

汉阳铁厂是中国近代最早的官办钢铁企业，创办于晚清洋务运动时期，也是当时亚洲最大的钢铁联合企业。洋务运动是从军事工业开始的，然而在军事工业的建设与发展过程中，清政府逐渐意识到，军事建设成本高昂，自己生产的产品既缺乏经济效益，又缺乏军事价值，故而“必先富而后能强”。于是，由过去仅仅投资军事工业，转而在兴办军用工业“求强”的同时，开始“求富”，倡导民用工业的建设，并试图以此为军用工业拓开财源。在此期间出现了著名的“三局一厂”，即李鸿章在上海创办的轮船招商局，在唐山开平创建的开平矿务局，以及张之洞在湖北创办的湖北织布局和汉阳铁厂。当时，中国工业所需钢铁原料主要依赖进口，造成白银大量外流。随着铁路建设的兴起，国内对钢铁的需求激增，创办近代钢铁工业已成当务之急。1890 年建成的贵州清溪铁厂是中国近代钢铁工业的开端，但是，在仅仅投产数月之后，便因缺少专门的技术、经验等原因而过早地失败了。

几乎在清溪铁厂关闭的同时，湖广总督张之洞在汉水南岸开始筹建汉阳铁厂。早在任两广总督时，张之洞就曾委托驻英公使刘瑞芬向英国订购冶炼炉及各种机器。1889 年，张之洞调任湖广总督，他奏请将在广州购置的冶炼厂设备一并移到湖北。1890 年 6 月，铁政局在武昌水陆街创办。9 月，汉阳铁厂厂址在大别山（今龟山）下勘探完成。汉阳铁厂从开工到建成，历时 2 年 10 个月，整个工程包括炼钢厂、炼铁厂等 10 个分厂的建设。1894 年 6 月 28 日开炉炼铁。

汉阳铁厂投产后正值甲午战争爆发，清廷财政困难。为了解决

盛宣怀

汉阳铁厂的困境，洋务派提出了招商承办的办法，张之洞保举了盛宣怀。盛宣怀（1844—1916），出生于江苏常州，秀才出身，官办商人、买办，洋务派代表人物，著名政治家、企业家和慈善家，被誉为“中国实业之父”和“中国商父”。盛宣怀在世时，创造了11项“中国第一”：第一个民用股份制企业——轮船招商局；第一个电报局——中国电报总局（因设在天津，又称“天津电报局”）；第一家银行——中国通商银行；第一个内河小火轮公司；第一个钢铁联合企业——汉冶萍公司；第一条铁路干线——京汉铁路；第一所高等师范学堂——南洋公学（交通大学前身）；第一个勘矿公司；第一座公共图书馆；第一所近代大学——北洋大学堂（天津大学前身）；他还创办了中国红十字会，被清政府任命为中国红十字会第一任会长。1896年，盛宣怀接手汉阳铁厂。从此，铁厂由官办改为官督商办。

1897年，铁厂开始向京汉铁路供应钢轨。1904年，京汉铁路即将建成之际，盛宣怀决定对汉阳铁厂进行改扩建，委托卢森堡人吕贝尔为总工程师，并委派李维格率外籍工程师到欧美考察炼钢工艺、购置炉机设备。1908年，改造工程初见成效，为再次筹集资金，盛氏决定将汉阳铁厂、大冶铁矿、萍乡煤矿合并，成立汉冶萍煤铁股份有限公司（又称“汉冶萍公司”），成为当时远东最大的钢铁联合企业，其产品曾出口到日本、美国、暹罗（泰国）、新加坡、秘鲁、爪哇（印尼）等地。第一次世界大战后，钢铁价格急剧下跌，国内军阀混战，汉阳铁厂的生产受到严重影响。在经历了近10年短暂的黄金时期之后，1921年，民国政府改变钢轨标准，造成近5万吨钢轨报废，钢铁生产先后停炉停产。到1924年，汉阳铁厂全部停产，汉冶萍公司从此走向衰落。

1937年，国民政府军政部兵工署及资源委员会设立钢铁厂迁建委员会，将汉阳铁厂设备及大冶铁厂、铁矿部分设备运往四川重庆大渡口另建新厂。10月24日，武汉卫戍司令部和警察局将汉阳铁厂难以拆运的设备炸毁。汉阳铁厂在其生产期间共产铁240余万吨，钢60余

汉阳铁厂旧影

万吨。京汉铁路约有1 000千米铁路是由汉阳铁厂生产的钢轨铺设而成。

汉冶萍公司作为1915年之前中国唯一的现代化钢铁联合企业，为甲午战争之后这一批出国学习矿冶等专业的学生提供了一个学以致用的平台。尽管公司在工业化进程中并未走得更远，却成就了第一代中国自己的钢铁工程师群体。辛亥革命以后，尽管汉冶萍公司仍然雇用一些外籍工程师，但越来越多的留学生成为公司技术骨干。到1918年，公司90%以上的技术人员是中国人，各主要生产部门中，几乎所有的技术负责人和工程师、副工程师都是留学海外、学有专攻的回国人员。

起初，由于没有本国的技术人员，外籍工程师直接指挥了汉冶萍公司所有的生产技术活动，使中国人在尚不具备技术能力的情况下生产出了钢轨和其他钢铁制品。以汉阳铁厂为例，从1890年筹建到1912年首次由中国人担任总工程师为止的22年间，先后有5名外籍技术人员担任总工程师，同时，还聘请了一批外籍人员担任各生产环节的技术人员。汉阳铁厂各工种工人分为领工、工头、匠目、匠首、工匠、长工、小工、长夫等。其中，匠目、匠首、工匠可视为技术工人，匠目和匠首为熟练技术工人。1912年之前，铁厂的匠目和匠首几乎全部由外籍人员担任。

汉阳铁厂的管理者备感缺少本土工程师所带来的高昂代价和痛苦，下决心培养自己的工程师。从1902年起，汉阳铁厂及之后的汉冶萍公司陆续资助选送了至少10名中国人到英国、美国、德国、比利时等国家的大学专攻与钢铁冶金相关的专业，这是当时中国为数不多的由商办企业出资派遣留学生的行为，这批留学生也成为中国第一批接受系统的西方教育并获得学位的钢铁工程师。

吴健是中日甲午战争之后首批前往欧美的留学生之一，时为南洋公学英文教员。他也是该批唯一一个受汉阳铁厂委托培养、中国第一个攻读冶金专业的留学生。

1902年，吴健抵达英国，先在伦敦的城市技术学院学习了一段时间后，于1904年进入谢菲尔德大学攻读冶金专业。他是该校第一位外国学生，也是该校首批获得冶金专业学士学位和硕士学位的学生之一，他非常幸运地参加了1908年7月2日的谢菲尔德大学第一届学位授予典礼。这所新兴的大学迎来了自己崭新的历史，也为中国培养了第一位钢铁工程师。吴健还于1907年通过了钢铁冶金职业会员认证（AISM：Associate Ship in Iron and Steel Metallurgy），这是一项高标准的资格认证。

1908年底，吴健回到汉阳铁厂，成为汉阳铁厂第一位中国工程师。1908年对于汉阳铁厂来说是充满希望的一年。1905年开始的大规模技术改造初见成效，新建成的1号、2号平炉炼钢炉于1907年开炼，所炼钢品质纯正，克服了技术改造前含磷过高的问题，受到国内外客户的青睐；250吨的3号高炉的建设顺利进行；萍乡煤矿基建工程完工，汉冶萍公司的成立解决了铁矿和燃料的后顾之忧，铁厂甚至开始实现盈余。

1911年，辛亥革命爆发，地处汉阳的铁厂设备遭到前所未有的破坏，铁厂全面停产，盛宣怀到日本避难，外籍工程师撤回上海，大多数人离开了中国，只有总工程师吕柏选择留下。1912年，远在日本神户的盛宣怀因与日本借款的合同约定，迫切需要铁厂重新开炉。1912年2月，吴健被委任为总工程师，负责铁厂设备的修复及恢复生产的工作。

对于汉阳铁厂来说，这是一个非常有意义的时期。铁厂的第一任中国总工程师吴健带领着刚刚回国不久的几个中国留学生严恩棫、卢成章等，进行高炉和其他设备的修复工作，前任外籍总工程师吕柏也在厂中协助这些接班人。当修复工作即将告成之际，这位任期最久的外籍总工程师被任命为汉冶萍公司驻欧顾问，离开了中国。1912年11月，铁厂的1号、2号高炉恢复生产。汉阳铁厂正是在这样一个特殊时期完成了总工程师的中外接替，该厂的技术工作从此由中国工程师领导。20世纪20年代，这批工程师们已经具备了独立安装和操作新式高炉和其他钢铁设备的能力，中国初步积累了早期现代化钢铁生产和技术经验。

1925 年，随着汉冶萍公司的衰败，工程师们也陆续离开，但吴健、严恩棫、黄金涛、李鸣和等人仍继续致力于中国钢铁工业的发展。无论是早期的扬子机器公司、龙烟公司的建设和生产，还是后期的中央钢铁厂的筹建、汉阳铁厂的迁建，以及在大后方四川重庆等地建立钢铁企业，都有这批早期钢铁工程师的主持和参与。

2. 中国近现代能源工业奠基人——孙越崎

孙越崎（1893—1995），浙江绍兴人，17 岁考入绍兴简易师范学校，1913 年考取复旦公学，1916 年考入北洋大学，先学文科，后遵从父命，转学矿冶工程。五四运动期间，孙越崎参与领导了天津学生的反帝爱国运动，事后被开除学籍，在蔡元培先生的帮助下，转入北京大学矿冶系继续学习。

孙越崎

大学毕业后，孙越崎投身于中国近代能源工业。1923 年，他以探矿队长的身份来到土匪和野兽经常出没的东北穆棱矿区，创办吉林穆棱煤矿（现属黑龙江鸡西矿务局），并在那里连续工作了近六年，经历了从钻探、建井、投产到生产管理、运输销售的全过程。次年该矿投产，产量逐年上升。到 1929 年，年产量突破 31 万吨，成为当时北满地区唯一的一座产量高、效益好的新式煤矿。

1929 年，孙越崎自费赴美留学，主攻矿冶专业。学成回国后，在南京国民政府国防设计委员会担任矿务专员。这期间，他对（天）津浦（口）铁路沿线的煤矿进行了系统而深入的调查。1933 年，他又被委派到陕北地区调查石油资源，随后担任陕北油矿探勘处处长。

1934 年冬，孙越崎到河南焦作，先后担任中英合办的中福煤矿总工程师、整理专员、总经理等职。该矿是当时河南省最大的企业，拥有一万多名职工。然而当时正面临着经营无方、管理不善的难题，几任矿方管理者都束手无策。孙越崎上任后，在精简机构、裁汰冗员的基础上，重点整顿工程。此前，由于井下开拓掘进过度，致使采掘比例失调。孙越崎断然决定停止开发下山工程，任其被水淹没。此举既有利于缩短生产线，节约开支，又可以集中力量，进行回采。同时，逐步建立起一整套切实可行、行之有效的管理法规和制度。通过整顿，使积重难返、濒临破产的中福公司迅速扭亏为盈，产量和销售量跃居全国第三位。

1938 年 5 月，孙越崎被推选为四川天府矿业股份有限公司总经理。此前，天府煤矿的生产方式十分落后，采掘全用手工，井下运输主要靠矿工用竹篓来背，抽水也靠人工。井下通风不畅，矿工劳动时全是裸体，死亡率很高。为了改造该矿，孙越崎首先建立发电厂，实现了生产机械化。同时，他把矿洞截弯取直，扩大开高，铺设双轨运煤，更新通风设备。在矿工管理方面，天府煤矿原来实行的是“租客制”，即矿方依靠包工头管理工人。这种制度的弊端在于，生产大权完全掌握在包工头手里，包工头所得高于矿方，而且矿工流动性极大，因而难以提高生产技能，极大地影响了劳动生产率。孙越崎上任后，随即改“租客制”为“里工制”。里工一般由矿方直接招募、管理、支付工资，为发展生产提供了保障。1941 年，孙越崎被任命为甘肃油矿局首任总经理，负责创办玉门油矿。

1948 年底，国民党大势已去，孙越崎没有按照蒋介石的命令将工厂拆迁到台湾，而是带领资源委员会留了下来。在关系国家前途命运的 1949 年，他冒着生命危险，将资源委员会管辖的近千个大中型企业及三万多名科技、管理人员基本完整地移交给政府，对新中国成立后国民经济的恢复和发展起到了重要作用。

1949 年 5 月底，孙越崎辞去经济部长和资源委员会主任的职务离开广州，前往香港。1949 年，他被国民党开除党籍，并以叛国叛党罪通缉。1949 年 11 月 4 日，孙越崎携家眷经天津回北京。1950 年 3 月，他由邵力子介绍加入中国国民党革命委员会，任民革中央委员，并曾当选常委、副主席、监委会主席、名誉主席等职。1988 年 9 月，被选为中国和平统一促进会会长。1995 年 12 月 9 日，孙越崎病逝于北京，享年 103 岁。

四、民国时期的铁路工程师

1. 中国铁路先驱者——凌鸿勋

凌鸿勋（1894—1981），字竹铭，广东番禺人。他是继詹天佑之后，将西方铁路科学技术引入到中国，并逐步实现铁路设计与建设自主化的又一重要人物。

1910 年，凌鸿勋考取上海高等实业学堂（上海交通大学前身）土木工程科，1915 年毕业后被选送到美国桥梁公司实习，并在哥伦比亚大学继续深造。1918 年 6 月回国，先后在京奉铁路及交通部考工科任职。1920 年 2 月回母校交通部上海工业专门学校任教，后任代理校长。

1929 年后，凌鸿勋被任命为陇海铁路工程局长，到 1945 年的 16 年间，他先后担任陇海、粤汉、湘桂等铁路工程局局长兼总工程师，1945 至 1949 年间又担任交通部常务次长。作为南京国民政府铁路建设的主持筹划者之一，他主持修筑的新路约有 1 000 千米，测量路线约 4 000 千米，其中大多数集中在西北和西南边疆地区。

1903 年，盛宣怀[1]向比利时国家银行团借款修筑陇海铁路时，预定线路由海州西达兰州，全程 1 700 多千米，但到凌鸿勋接任陇海铁路工程局局长时，仅完成全线的三分之一，向西止于河南灵宝。

国民政府成立后，即拟展筑陇海铁路。1927 年 12 月，北洋政府与比利时签订《中比退还庚款协定》，规定以其国庚款的 40%（200 万美元）作为陇海铁路西展工程经费。1928 年 6 月王正廷担任陇海铁路督办，在郑州组建督办公署，接管北京的陇海铁路总公所，将营业监督局与营业总管理处合并为营业管理局，渐渐从比利时国家公司收回营业管理权，并增用本国人员，但材料及工程技术

1 1897—1906 年，盛宣怀曾任铁路总公司督办。

陇海铁路观音堂车站

方面仍由比籍总工程师掌握，设有工程监督局。1929年5月，国民党政府铁道部裁撤陇海督办公署，铁道部工务司直接负责路工。1930年11月，工程监督局改为陇海路灵潼段工程局，凌鸿勋任局长，他开始起用本国技术人员主持灵宝到潼关间的工程，收回技术大权，施工图纸及报表一律改用中文，不用法文。从此，管理权、财务处、材料购置权完全收回，陇海铁路的修建与原借款合同脱离关系，这条东西干线自此完全由中国工程师负责修建。

1931年年底，陇海铁路通至潼关（灵潼段），通车里程达920余千米，约为全路二分之一。接着，凌鸿勋又任潼西段（潼关至西安）工程局局长兼总工程师。1934年潼西段修至西安，次年徐州至西安正式通行。

在陇海展筑期间，凌鸿勋展现了新一代铁路工程师的卓越才能和坚韧品格。筑路中最具特色的是潼关线路的设计。潼关位于黄河南岸，城墙已近河边，城南又是高山，城东门也建在山上，取道城北则太靠近黄河，取道城南则需开几条隧道。最后凌鸿勋决定在城底下开一座长1 078米的山洞，直通城区。潼西段完工后，南京国民政府铁道部又有继续西展的计划。向西展筑有北南两线，北线循旧驿道经乾县、彬县进入甘肃省境，再经泾川、平凉至兰州；南线自咸阳经宝鸡、天水、定西至兰州。凌鸿勋向铁道部建议，先按南线方案修至宝鸡，将来向西可经天水至兰州，向南可入四川至成都，不仅回旋余地大，施工先后也可任意选择。这一建议很快被南京国

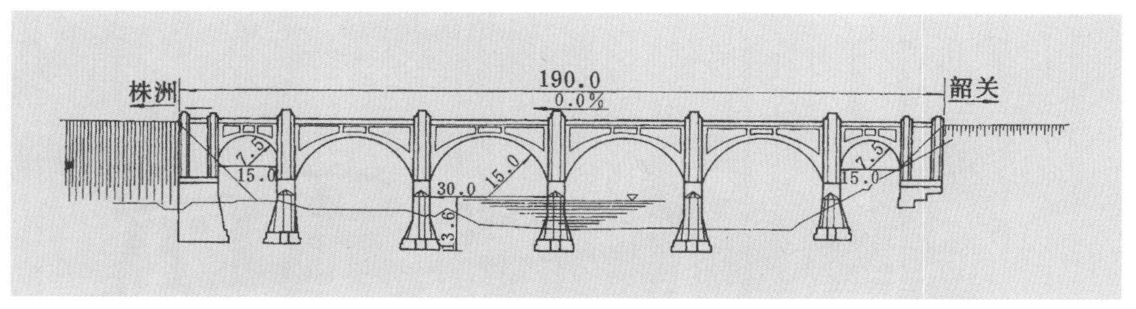

新岩下拱桥结构示意图

民政府认可，批准先修西宝段（西安至宝鸡）。西宝段于 1937 年 7 月完工，全长 174.1 千米。抗战时期，西北的铁路建设基本上是以此线为基础延展的。

正当潼西段工程紧张进行时，铁道部又在 1932 年 10 月调凌鸿勋任粤汉铁路株韶段（株洲至韶关）工程局局长兼总工程师。456 千米长的株韶段因资金缺乏和地形特别复杂，停工已达 14 年。英国工程师曾作过多次测量并提出多种方案，但都因展长过多、升高太大、隧道又多而未成定案。凌鸿勋接任局长后，亲自到现场踏勘，并委派得力的测量队仔细勘测定线，最后确定的线路是自韶关以北越浈水大桥，溯武水北进。最终的方案将原来由英国人勘测，需建 70 多条隧道减为 16 条，最低越岭垭口的标高也比两洞湾低 18.30 米，且地点就在两洞湾西南仅 4 千米的廖家湾，保证了铁路的顺利贯通。

株韶铁路中高亭司至观音桥段，也曾由湘鄂段外籍工程师本格司和川汉铁路外籍工程师卡罗两次勘测，方案也不理想。凌鸿勋接手后进行复测，对原有方案作了较大改善。筑路过程中就地取材，在白石渡至坪石间 6 千米的路段内连续修筑新岩下拱桥、碓矶冲桥、省界拱桥、燕塘桥、风吹口桥等五座石拱桥，号称“五大拱桥”。设计载重等级为 E250 级，有 3 座桥跨径超过 100 米，其中新岩下桥达 190 米，属当时国内最长的铁路石拱桥，在 6 千米范围内桥隧相连，五跨白沙水，桥上线路高出河床面约 30 米，颇为壮观。

五桥设计前，设计团队就钢梁桥和拱桥不同方案进行了比选，因钢梁桥需向国外订货，工期无把握、造价高、运输困难且养护成本高，所以最终选择了可以就地取材、造价低、养护简便和工期短的拱桥。五大拱桥由我国工程技术人员自己设计和主持施工，当

陇海铁路使用的蒸汽机车

时以设计跨度大、施工注重质量和造价低廉而闻名于世。1936 年 4 月 28 日，粤汉铁路提前 1 年 3 个月全线贯通，成为中国工程师自行设计和施工的又一条重要干线。次年，中国工程师学会将金质奖章颁给了凌鸿勋，以表彰其在铁路领域的杰出贡献。

1937 年 2 月，凌鸿勋任湘桂铁路工程处处长和总工程师。湘桂铁路建筑之初只限于衡桂一段（衡阳至桂林），为抗战需要，国民政府拟将此铁路延伸到中越边境，使其成为国际路线。线路全长 1 000 余千米，从衡阳经东安、全州至广西桂林，再经柳州、南宁、镇南关向南与越南境内的铁路衔接，可达越南海防港。铁道部计划分为四段进行，即衡桂段、桂柳段、柳南段、南镇段。衡桂段于 1939 年 9 月提前通车，桂柳段也于同年年底完工，这两段铁路在抗战初期发挥了重要作用。

1942 年之后，国民政府开始集中力量进行西北的交通建设，重建国际交通线。首先决定限期完成宝鸡至天水一段，交通部派凌鸿勋任天水工程局局长兼总工程师。宝天铁路沿渭水西行，而宝鸡以西的渭水在群山之中曲折穿行。在这 150 千米的路线中，共需建设隧道 120 多条，总长占全路线的七分之一。战争期间，筑路所用钢轨，除拆下陇海铁路多余钢轨外，大多是派人到河南前线乡间把从前撤退时拆下的轨条从地下挖出或自老乡手中一根一根收买回来；没有枕木，就采伐秦岭的树木代替；开隧道没有机器和炸药，就用双手和土制炸药代替；没有水泥厂，就自制代用水泥。就是在这样极端困难的情况下，宝天铁路在 1945 年 11 月顺利接轨，1946 年元旦通车。

由于凌鸿勋多年来献身祖国铁路事业，又培养了不少英才，他得到了国内外同行的赞扬和后辈的景仰。甚至在他身后，美国《纽约时报》曾专门报道他的事迹，称其为“中国铁路先驱者”。凌鸿勋还著有《铁路大意》《抗战八年交通大事记》《桥梁学》《铁路工程学》《工厂设计》《中国铁路志》《中国铁路概论》《铁路丛论》《现代工程》等书，被誉为“一代工程巨子”。

2. 早期铁路工程师群体

（1）留美幼童——中国早期铁路的主要建设者

邝景扬（1863— ？），第三批留美幼童，1874 年抵美。高中毕业后考入麻省理工学院，主攻土木建筑专业，一年后被召回国。邝景扬回国后入开平铁路公司任总经理助理，1886 年到京奉铁路任助理工程师，1906 年任粤汉铁路总工程师，1911 年任京绥铁路总工程师，1921 年任平绥铁路总工程师兼平汉铁路顾问工程师，并曾担任中美工程师协会会长、中华工程师学会会长。

钟文耀（第一批留美幼童）、黄仲良（第一批留美幼童）担任过沪宁路、津浦路总办；周长龄（第三批留美幼童）、卢祖华（第三批留美幼童）做过京沈铁路的董事和经理；杨昌龄（第三批留美幼童）曾担任京张铁路的指挥；罗国瑞（第一批留美幼童）从事过铁路的勘探工作，帮助修建大冶至青山的铁路，曾在贵州、云南、广东勘测铁路，还担任津浦路南段总办；黄耀昌（第四批留美幼童）做过沪宁铁路上海段的经理，并担任京汉铁路北京段经理。据统计，清代最早的官派赴美的幼童中就有20余名，归国后直接参与铁路建设，占总数的16%。由此可见，留美幼童是近代中国铁路建设的主要承担者，对近代中国自筑铁路有筚路蓝缕的开创之功。

（2）颜德庆

颜德庆（1878—1942），早期“中华工学会”的创办者之一，也是近代著名工程师。他生于上海，毕业于上海同文馆。1895年，随胞兄颜惠庆一同前往美国留学，就读于里海大学，主修铁道工程学。1902年，获工程硕士学位后回国，担任粤汉铁路及川汉铁路工程师。1920年，任华盛顿会议中国代表团专门委员。1922年，出任中国接收铁路委员长，协助王正廷接管胶济铁路。经过艰难的谈判，最终在12月5日，中日签署了《山东悬案铁路细目协定》。1923年1月1日，颜德庆在青岛主持胶济铁路移交仪式，此后，任胶济铁路管理委员会委员长。1942年，颜德庆病逝于上海。

（3）徐文炯

徐文炯是“铁路路工同人共济会”的创始人之一，也是著名铁路工程师。1900年毕业于山海关北洋铁路官学堂（西南交通大学前身），为该校第一届毕业生。1905年5月，随詹天佑进行京张铁路建设，担任京张铁路帮办。1906年，担任沪杭铁路总工程师。1909年冬，随詹天佑前往河南，担任河南商办洛潼铁路（洛阳至潼关，230余千米）总工程师。1912年，在上海组设“铁路路工同人共济会”。1913年5月至1915年，担任陇海铁路东段（开封至徐州）总工程师。

五、民国时期的建筑工程师

1. 群英荟萃的第一代中国建筑师

中国近代建筑处于承上启下、中西交汇、新旧接替的过渡时期，这是中国建筑发展史上一个急剧变化的阶段。中国传统的建筑理念和工艺与西方的建筑学理论和方法不同，按西方的建筑学标准，古代中国只有“工匠”，没有建筑师，真正意义上的中国建筑师是近代出现的。19 世纪中叶以前，除了北京圆明园西洋楼、广州“十三夷馆”以及个别地方的教堂外，中国土地上很少有西式建筑，直到鸦片战争后西式建筑才陆续出现。

中国自己的建筑工程师教育起步很晚。1895 年创办于天津的北洋大学是最早设立土木工程系的高等学校。当时中国的建筑师主要有三个来源：一是在建筑设计实践中积累成长起来的；二是由专业院校培养出来的，包括建筑学专业和土木工程专业；三是在华的外国建筑设计机构招收的中国年轻人，他们尽管并未受过正规的建筑学教育，但聪明肯学，在长期的实践中逐步掌握了一定的设计绘图能力，甚至有人创办了自己的建筑设计事务所。

（1）周惠南

在土生土长的中国建筑师中，周惠南是最为突出的人物。周惠南（1872—1931），江苏武进人，12 岁时孤身来到上海。当时英商业广地产公司成立不久，正在苏州河北侧的黄浦路大名路一带开发房地产，需要测量、绘图的实习生。周惠南被招进该公司后，白天刻苦用功，边学边记，晚上再把学到的技术传授给他刚来沪的两个弟弟，相当于每晚在复习，这使他很快掌握了建筑设计的基本知识。他先后在上海铁路局、沪南工程局和浙江兴业银行地产部工作，曾任兴业银行地产部设计室主任。20 世纪初，他创办了中国最早的土

上海大世界游乐场今影

木建筑设计公司“周惠南打样间”。他虽然非科班出身，但在上海实行建筑师资格审核前，只要能按建筑章程设计图纸便可发照建房。

周惠南曾主持设计过剧场、办公楼、住宅、饭店等建筑，如一品香旅社（1913）、大世界游乐场（1917）、爵禄饭店（1927）等。有人称他为“打破洋建筑师垄断设计的中国第一建筑师”。他的作品以上海大世界游乐场最为著名。虽然在此前上海已有游乐场，但是都在室内活动，周惠南设计的游乐场与众不同，由两层砖木结构的建筑沿基地周边建造，中央露天为杂耍空地，在三层平台设几座亭子和瞭望楼。

（2）孙支夏

由于建筑学科的留学活动以及国内建筑学教育起步较晚，中国近代最早的建筑师大部分产生于土木工程专业，并在建筑实践中逐渐积累提高，孙支夏（1882—1975）就是其中的杰出代表。

1902年，近代实业家、教育家张謇创办民立通州师范学校。孙支夏的两位兄长先后入通师本科就读。当时孙支夏尚无入学资历，经推荐到通师当日籍教师木造高俊的助手，协助测绘校区平面图。

这期间孙支夏掌握了测绘技术，后来接替木造高俊完成了平面图的测绘，为张謇所赏识。1905 年 11 月，孙支夏被破格录取入通师本科学习，1908 年 1 月以第一名的优异成绩毕业，同年 2 月入通师新设的土木工科学习，1909 年 2 月又以第一名的成绩毕业。测绘和土木工程专业的学习，为其后来成功转入建筑学打下了扎实的基础。

孙支夏的建筑设计活动始于 1909 年。当时，清廷预备立宪，张謇奉旨筹备江苏省咨议局，任议长。张謇推荐刚毕业的孙支夏设计江苏省咨议局大楼工程。为此孙支夏赴日本考察帝国议院建筑，并进行了实地测绘，归国后参考该建筑完成了咨议局的建筑设计。大楼不到半年即建成，这是中国近代建筑史上最早由中国建筑师设计建造的新型建筑之一，由此奠定了孙支夏的近代最早建筑师地位，此时他刚满 28 岁。

1911 年，孙支夏回到南通，当时张謇对南通的城市规划全面展开，孙支夏参与的主要项目有：1911 年设计南通博物苑北馆；1912 年设计南通图书馆；1913 至 1915 年间建成县改良监狱、钟楼、张謇住宅濠南别业，完成博物苑中馆改建，还参与了南通医院、商业学校、五公园的设计工作；1916 年建成张謇别墅林溪精舍、军山气象台；1919 年建成更俗剧场；1920 至 1921 年间建成伶工学社校舍、87 米长的跃龙桥、通崇海泰总商会大厦、淮海实业银行、女红传习所、南通俱乐部、联合交易所，并参与了南濠河至桃坞路的城市规划。

孙支夏的事业是与近代南通的建设联系在一起的。在张謇的直接领导与培养下，孙支夏在南通一地留下了大量具有鲜明特色的作品，面广量大，堪称高产建筑师。1922 年南通以纺织为核心的实业体系出现危机，特别是 1926 年张謇去世以后，孙支夏的建筑事业也不再辉煌，南通建设的停滞使他无用武之地。另外，留洋科班出身的建筑师队伍迅速崛起，并已在建筑活动中居于主导地位。

孙支夏等开创了近代中国建筑师的先河，他们实现了从工匠到近代意义建筑师之间的过渡。尽管孙支夏后来的职业声望与社会地位与二三十年代涌现的建筑师们不能相比，但丝毫不影响他作为近代中国建筑师先驱者和早期建筑师杰出代表的历史地位。

2. 中国近代留美建筑师

在 1933 年出版的一本名人录中，列入上海的建筑师 6 人，其中外国建筑师 2 人（公和洋行的威尔逊和邬达克洋行的邬达克），中国建筑师 4 人（范文照、赵深、董大酉和李锦沛）。1936 年登记注册的建筑师事务所共 39 家，中国建筑师占 12 家。足见当时以留学归国人员为主体的中国建筑师无论在数量上还是声誉上均已和外籍建筑师势均力敌。

美国费城的宾夕法尼亚大学建筑系是中国留学生较集中的地方，可算是培养中国优秀建筑师的摇篮。范文照 1921 年在宾大毕业，获建筑学士学位。赵深 1923 年毕业，获建筑硕士学位。童寯和陈植 1928 年毕业，童寯先后获得全美大学生设计竞赛一等奖和二等奖，陈植获得美国柯浦纪念设计竞赛一等奖。梁思成、谭垣、吴景奇、黄耀伟、李杨安、卢树森、杨廷宝、哈雄文等人都先后在该校留学。

此外，也有在其他国家学建筑的中国学生崭露头角，如在日本东京高等工业学校建筑科留学的刘敦桢、柳士英，在法国巴黎建筑专门学院留学的李宗侃、吴景祥，在英国留学的黄锡霖、陆谦受、黄作燊，在德国达姆斯达特大学留学的奚福泉，在奥地利维也纳工科大学留学的冯纪忠，在意大利那不勒斯大学留学的沈理源等。

受过西方正规建筑教育的留学生回国后，大多开设了建筑设计事务所从事相关工作。他们绝大多数选择了上海这个当时中国最大、最开放、经济最发达的城市。最早有庄俊开设的庄俊建筑师事务所，吕彦直、过养默、黄锡霖合组的东南建筑公司，略晚一点有吕彦直开设的彦记建筑事务所，以及刘敦祯、王克生、朱士圭、柳士英组成的华海建筑师事务所等。此后，更多的中国建筑师陆续开业，形成了一支足以与当时上海的外国建筑设计机构相抗衡的队伍。

当时中国最大的建筑师事务所基泰工程司则由关颂声于 1920 年在天津创立。关颂声，1914 年留学美国，毕业于麻省理工学院，曾在哈佛大学进修，1920 年回国。朱彬，毕业于美国宾夕法尼亚大学，1927 年回国加入该公司，成为负责人之一。杨宽麟，毕业于美国密歇根大学，1919 年回国，是该公司负责人中唯一的结构工程师。基泰工程司的业务主要在北京、天津、南京等地，20 世纪 30 年代后拓展到上海，并在上海注册。基泰工程司在上海的作品不多，但其设计的大陆银行（建于 1933 年）、聚兴诚银行上海分行（建于 1937 年，今江西中路 250 号，1990 年被交通银行租用）和大新公司（建于 1936 年，今第一百货商店）都是对后世产生影响的作品。

（1）庄俊

庄俊（1888—1990），第一批留学西方学习建筑学的中国学生，1914 年毕业于美国伊利诺大学建筑工程系，获建筑工程学士学位，回国后于 1914 至 1923 年任清华学堂建筑师，协助美国建筑师墨菲设计和监造了清华学堂图书馆、大礼堂、科学馆、工程馆和体育馆等建筑。1923 至 1924 年受清华派遣，率学生赴美留学，他本人则在哥伦比亚大学研究生院进修，1924 年回国后来到上海。1925 年，庄俊在上海开设了私人事务所，成为回国留学生中最早在上海开业的建筑师之一。1927 年，庄俊与范文照等建筑师发起成立上海建筑师学会（次年改为中国建筑师学会）并担任会长。

庄俊早期的作品为西方复古风格，如 1928 年建成的金城银行大楼（今江西中路 200 号交通银行大楼），其设计手法之娴熟完全可以与西方一流的学院派建筑师相媲美。这是庄俊成立事务所后的第一个业务项目。四年后，他设计了大陆商场（即慈淑大楼，曾是南京东路新华书店，现更名为 353 广场），1932 年建成，该大楼的建筑风格发生了重大转变，建筑形象趋于简洁，复古装饰被彻底摒弃，立面上采用了大量装饰艺术风格的图案。同期建成的四行储蓄会虹口分会公寓大楼也有类似特征。他以后的作品还有汉口金城银行，济南、哈尔滨、大连、青岛、徐州的交通银行，汉口大陆银行，南京盐业银行，上海中南银行，中国科学院上海理化试验所，上海交通大学总办公厅和体育馆，上海孙克基妇产科医院（现长宁区妇产科医院），上海古柏公寓及上海四行储蓄会（虹口公寓）等。

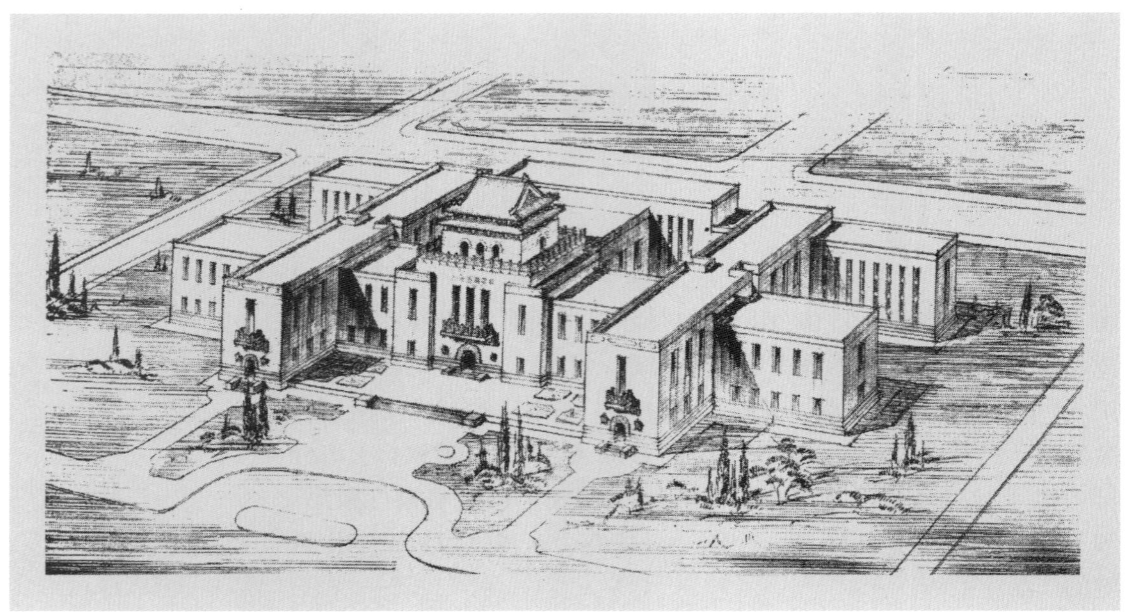

上海市图书馆效果图

（2）董大西

董大西（1899—1973），1924 年在明尼苏达大学建筑科毕业后，留校读研究生，1925 年获硕士学位，同年又去纽约哥伦比亚大学美术考古研究院攻读研究生课程。1928 年回国，在庄俊建筑师事务所工作，1929 年与美国同学 E. S. J. Phillips 合办建筑师事务所，后加入哈沙德洋行，1930 年开设董大西建筑师事务所，担任上海市中心区域建设委员会顾问和建筑师办事处主任。

当时正值南京政府成立，南京国民政府暨上海市政府开始组织专家制定“上海市中心区域计划”，接着在此基础上提出了“大上海计划”。这是上海历史上第一个全面的、大型综合性的都市发展总体规划，旨在开发位于黄浦江下游和吴淞之间的港口，另辟一个可以与已有外国租界抗衡媲美的新市区，扼制租界的发展，使新市区以后可以成为包括租界在内的整个上海的中心。

董大西在“大上海计划”及其主要建筑项目设计方面起了重要作用。规划的新市中心区域选取了江湾地区 7 000 余亩范围的土地，提出将市中心区域分为行政、商业、居住三个功能区。此外他还参与了道路系统计划、港口铁路计划等工作。1929 年 10 月，政府征集新市府大厦方案，赵深、孙熙明的合作方案获第一，但当局不太满意，于是请上海市中心区域建设委员会顾问兼建筑师办事处主任董大西在得奖方案基础上另行设计。新市府大厦于 1933 年 9 月落成（现为上海体育学院主楼）。之后，上海市政府又主持了上海市图书馆（现为上海同济中学）、上海市博物馆（现为长海医院影像楼）、上海市体育场（即现在的江湾体育场，包括运动场、体育场、游泳馆）、上海市医院和上海市卫生试验所等 5 项工程的建设，全部由董大酉设计。除上海市医院只完成了一小部分之外，其余工程于 1935 年先后全部完工。这次大规模的建设活动在设计思想上同样以“中国固有形式”为原则，因此大部分采用了复古式样或简化复古式样，推动了当时 30 年代建筑界的“中国古典复兴”思潮。“大上海计划”规划和建设活动随着 1937 年“八一三”事变的爆发，日军侵入上海而被迫中断。

（3）杨廷宝

毕业于宾夕法尼亚大学建筑专业的另一位优秀建筑师，杨廷宝（1901—1982），1915 年考入清华学校，1921 年赴美留学，期间曾在全美大学生建筑设计竞赛中多次获奖，毕业后在美国克雷建筑师事务所实习 2 年，又去欧洲各国考察建筑 1 年，1927 年回国。

回国后，他加入关颂声创办的基泰工程司，开始建筑设计事业。1930 年，清华大学校长罗家伦请他为清华大学做建筑设计。当时清华学校改为清华大学，杨廷宝重新制定校园规划，先后设计了生物馆、化学馆、气象台、明斋宿舍等。30 年代初，北平地区一些重要古建筑维修工程委托基泰工程司主持，如天坛、祈年殿、国子监等，杨廷宝和建筑工匠们一起做了实地修缮。1936 年，杨廷宝至南京基泰工作，设计了国民政府外交部、南京中央医院、中央体育场、紫金山天文台、中央大学、金陵大学、中央研究院等著名建筑。

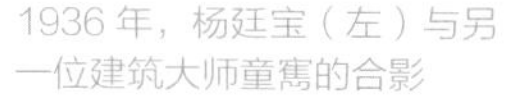
1936 年，杨廷宝（左）与另一位建筑大师童寯的合影

南京中央体育场
（摄于 2013 年）

（4）梁思成

同样留学宾大的还有著名建筑师梁思成。梁思成（1901—1972）是梁启超的长子，生于日本东京，原籍广东新会（今广东省江门市新会区）。1923 年，梁思成从就读 8 年的清华学校建筑科毕业，1924 年，赴美国宾夕法尼亚大学学习建筑，1927 年，以优异的成绩获宾夕法尼亚大学研究生院建筑硕士学位。接着他到美国哈佛大学研究生院学习，完成题为“中国宫室史”的博士论文。1928 年，梁思成回国后应东北大学之邀创办了该校的建筑系，1931 年至 1946 年任中国营造学社法式组主任。1946 年，梁思成赴美讲学，受聘为美国耶鲁大学教授，并担任联合国大厦设计的顾问建筑师。由于他在中国古代建筑研究方面的杰出贡献，被美国普林斯顿大学授予名誉文学博士学位。同年，梁思成回到母校清华大学创

1952 年，梁思成、林徽因夫妇在清华园家中会见英国建筑师斯金纳

1947 年 4 月，梁思成在美国担任联合国大厦设计委员会中国顾问时的工作照

办了建筑系，1946 年至 1972 年任清华大学建筑系主任，1948 年被选为中央研究院院士。

梁思成是中国古建筑研究的先驱者之一。他接受的是西方建筑教育，在东北大学授课过程中，深感建筑史不能只讲西方的，中国应该有自己的建筑史。从沈阳清东陵调查开始，他以毕生精力，对中国古建筑研究做了开拓性工作。梁思成编写了《中国建筑史》与《图像中国建筑史》，堪称当时第一部高水平的中国建筑史。基于这些成就，李约瑟在《中国科学技术史》中称他是“中国古代建筑史研究的代表人物”。

中华人民共和国成立后，梁思成作为中国科学院学部委员，先后担任北京市都市计划委员会副主任、中国建筑学会副理事长、中国科学技术协会委员、建筑科学研究院建筑理论与历史研究室主任、北京市城市建设委员会副主任等职。20 世纪 50 年代，他还为保护北京古建筑不被拆除付出了不懈努力。

竣工后的中山陵

中山陵今影

吕彦直设计的广州中山纪念堂

3. 建造中山陵的建筑师

1925 年 3 月 12 日，孙中山先生逝世，根据他生前愿望，国民政府决定在南京紫金山茅峰南坡建造中山陵，并向海内外征集陵墓建筑方案。当时参赛的既有中国建筑师，也有西方建筑师。竞赛要求建筑具有民族性，“须采用中国古式而含有特殊与纪念之性质”，因此参赛的十多个方案大多运用了中国传统建筑的形式。评选结果揭晓，列入前三名的都是中国建筑师：吕彦直获一等奖；赵深、范文照获二等奖；杨锡宗获三等奖。最后中山陵的修建采用了吕彦直的方案。这是中国建筑师第一次在公众面前崭露头角。

（1）吕彦直

吕彦直（1894—1929）从小家贫，9 岁随姐姐远渡重洋侨居巴黎。他天资聪颖，悟性很高。在巴黎几年后，回国在北京五城学堂读书，1911 年考入清华学校。1913 年以庚款公费派赴美国留学，入康奈尔大学，先攻读电气专业，后改学建筑，1918 年获学士学位。毕业后他在纽约墨菲事务所任绘图员，当时墨菲正在设计南

彦记建筑事务所时期的吕彦直

京金陵女子学院，他从中学到了墨菲融合中国传统宫殿与西方现代技术的手法。回到中国后，吕彦直就职于墨菲在上海的事务所，一年后开始独立工作，先后在上海东南建筑公司、真裕公司任职。1921年，胸怀大志的吕彦直在上海开设了自己的设计师事务所，取名彦记建筑事务所。

1925年，年仅31岁的吕彦直报名参加中山陵建筑设计竞赛并获得第一名。吕彦直在中山陵建筑中的设计手法与其从业墨菲事务所的经历，以及受巴黎、华盛顿、纽约等地纪念建筑的启发有关。其方案融合了中国古代与西方建筑精神，特创新格，别具匠心，庄严俭朴，墓地全局呈一座钟形，寄意深远。从1927年秋天起，吕彦直一直住宿山上，负责中山陵全部工程的实施。其间他还参加了国民政府于1926年2月发起的广州中山纪念堂设计竞赛，再次获得一等奖。遗憾的是，1929年3月18日，年仅35岁的吕彦直因病逝世，他未能看到自己呕心沥血之作的最后竣工。[1]

吕彦直设计的广州中山纪念堂采用了“希腊十字”平面，中心部分的鼓座为八角攒尖顶，四边加中式风格的屋宇，体现了西方学院派传统和中国文化的融合。中山纪念堂坐落于孙中山先生当年的总统府旧址上，于1929年1月奠基，1931年10月10日竣工。

1 周健民. 从建筑档案看中山陵建筑 [J]. 中国名城，2010(9):56-60.

南京大戏院

（2）范文照

范文照

获得中山陵设计竞赛二等奖的范文照（1893—1979）也是著名建筑师。他出生于1893年，1921年毕业于美国宾夕法尼亚大学，获建筑学士学位，1927年回国开设私人事务所，并接受邀请与上海基督教青年会建筑师李锦沛合作设计了八仙桥青年会大楼（现西藏南路19号青年会宾馆），期间结识同在基督教青年会建筑处工作并参加了八仙桥青年会大楼设计的另一位中国建筑师赵深。1928年至1930年赵深作为合伙人加入范文照建筑师事务所。

范文照于1924年设计的中山陵方案，采用了中国传统重檐攒尖顶的复古风格。1928年他设计的南京大戏院（今上海音乐厅），则是一个从里到外都异常地道的西方复古主义建筑。1933年是范文照设计思想的一个转折点。

上海美琪大戏院近貌

这一年年初，他的事务所曾短期加入了一位提倡“国际式新法”的美国建筑师和一些留学生，坚定了他设计现代风格建筑的决心。位于西摩路（今陕西北路）福煦路（今延安中路）转角处的市房公寓即为该时期产物。

范文照设计的娱乐建筑中比较著名的如建于 1941 年的上海美琪大戏院，是他向现代主义转变的标志性建筑。建筑为钢筋混凝土结构，造型简洁、重点突出，设有长条窗的圆形门厅，屋檐处一圈典雅的图案饰带与底层大雨篷相呼应。门厅、楼厅、过厅、观众厅各部位布局合理，功能明确。美琪大戏院建成后，成为继大光明、南京大戏院之后上海的又一处顶级剧院。

六、民国时期的道路与桥梁工程师

1. 滇缅公路的修建

1937年7月，抗日战争全面爆发，日军从华北和华东两个战场向中国发动猛烈进攻。中国最高军事当局制定了“以空间换取时间”的长期抗战方针。日军为迅速使中国政府屈服，依靠其海空军优势，封锁了当时中国的重要港口和沿海地区，以限制海上援助，截断中国与国际的交往。西北公路和滇越铁路先后被切断。鉴于此，在中国的战略大后方西南地区开辟新的国际交通线成了当务之急。

1937年8月，正在南京参加国防会议的云南省主席龙云向蒋介石建议，即刻着手修建滇缅铁路和滇缅公路，这样可以将中国西南与印度洋沟通。蒋介石当即采纳这个建议，并令铁道部、交通部与云南省协商修筑事宜，其中“滇缅公路”的修筑被放在了更优先的地位。

滇缅公路东起云南省会昆明，西行经下关到畹町出境，直通缅甸境内腊戌地区，在腊戌与通往仰光的铁路相连，成为一条直通印度洋的出海交通线。滇缅公路东段昆明至下关共411.6千米，原名“滇西干线”，早已于1935年通车，只是许多地段的路基宽度以及弯度和坡度不符合标准规定，所以修筑工程主要是在滇西干线的基础上，连通下关到缅境腊戌这一段。1937年11月，国民政府与缅甸当局达成协议，中国方面负责修筑下关到畹町中国境内的路段；缅方负责修筑腊戌至畹町缅甸境内的路段。

滇缅公路西段由下关至滇缅边境的畹町河，全长547.8千米，沿途要翻越横断山脉的云岭、怒山、高黎贡山等大山，要跨越漾濞江、胜备江、澜沧江、怒江等大河。大山巨川连绵不断，海拔起伏巨大，每年夏季更有长达4个月的雨季，工程艰苦程度不言而喻。1937年11月2日，滇缅公路西段路线方案最后确定。国民政府行

1945 年 3 月，美军补给车穿
过滇缅公路

政院拨款 320 万元，云南省政府主席龙云负责限期修通。

1937 年 12 月，工程正式开工。云南省在保山成立滇缅公路总工程处，由云南省公路总局技监段纬工程师主持工作。沿线成立关漾、漾云、云堡、保龙、龙路、潞畹六个工程分处，分段负责管理和指导施工技术。事关国防军事及抗战前途，云南省政府不敢怠慢，各县长也亲临所划定路段督修。1938 年 1 月至 8 月是滇缅公路施工高峰期，全线施工人数平均每天 5 万多，最高时达 20 万。1938 年 8 月底，令全国甚至全球瞩目的滇缅公路终于通车。

由于施工设备落后、生活待遇太差、劳保缺乏、地势艰险、气候恶劣等原因，中国修路人员付出了惨重的代价。全程死亡近 3 000 人，其中包括沙伯川、杨汝光、王纪伦、李华、潘志霖、杨汝仁、张文远和陈昭等 8 名工程技术人员。滇缅公路的快速建成通车，是云南各族人民和筑路员工的爱国热忱和艰苦劳动的结晶。

2. 白族道路工程专家——段纬

抢修滇缅公路的工程总指挥、技术负责人段纬（1889—1956），白族，1889 年生于云南省蒙化县（今巍山县）。1916 年，被公派赴美国留学，进入普渡大学学土木工程。毕业实习后，1921 年，又入麻省理工学院航空科修业，学飞机制造，之后到法国里昂大学进修，获土木工程硕士学位。1923 年，转赴德国学习飞机驾驶技术，毕业于老特飞行学校[1]。1925 年，学成回国，受聘为东陆大学（云南大学前身）土木工程系教授。1928 年，调任云南道路工程学校校长，为云南培训出第一批公路技术人才和汽车驾驶人员。同年底，云南全省公路总局成立，他担任该局技监（即总工程师），成为省公路总局最高技术负责人之一，也是云南籍的第一代高级土木工程师。

1935 年 12 月，段纬奉派参与勘定滇缅公路西段路线，自祥云

1　一所享誉欧洲的著名航校，二战中德国空军的飞行员大多毕业于该校。

起，经弥渡、景东、云县、缅宁（今临沧）至孟定，历时3个月，越过深山峡谷、瘴疠地区，渡过两岸险峻的澜沧江，为筑路掌握了第一手资料。1938年1月，云南省公路总局在保山县设立滇缅公路总工程处，段纬被委派为处长，负责统一指挥、管理7个工程分处，并且担任第一技术责任人。他深入工地，日夜操劳，从踏勘、测量到设计、施工，事事过问。当时段炜已年近五旬，且患有高血压病，施工期间积劳成疾，危及生命，但他始终坚持就地医治，抱病工作。他和筑路民工及工程技术人员同甘共苦，用近乎原始的工具材料和施工方法，9个月新修547.8千米干道公路，铺设或改善东段路面400余千米，消息传出，震惊世界。鉴于段纬在滇越铁路修筑过程中立下的特殊功勋，国民政府交通部特授予他一枚金质奖章。

1939年，段纬兼任叙昆（宜宾至昆明）铁路顾问，并参与了该路昆沾段（昆明至沾益）的设计工作。次年，段纬又参加了滇越公路的修建，任工程处总工程师，并亲自踏勘了该路蒙河段（蒙自至河口）。抗战胜利后，段纬奉调到滇越铁路滇段管理处任副处长，参与了修复滇越铁路碧河段（碧色寨至河口）的筹划工作。1948年，昆明区铁路管理局成立，段纬任副局长。1949年12月云南起义后，他任代理局长。1951年，他奉调到省人民政府担任顾问、参事。1956年5月1日，段纬因脑溢血病逝于昆明，终年67岁。

3. 中国公路建设奠基人——陈体诚

陈体诚（1893—1942），福建省福州市人。早年毕业于福建高等学堂，后入交通部上海工业专业学校（交通大学前身），主修土木工程，1915年毕业，获得工学士学位。后经交通部保送赴美留学，获得卡内基基金会资助，专攻桥梁土木工程，并在美国桥梁公司实习3年，掌握了许多实践知识。留学期间，与学习工程的留美同学共同发起组织成立了中国工程学会，他被公举为首届会长。

1918年陈体诚回国，先在北京任京汉铁路工程师，参与黄河铁桥的修建，同时在北京大学兼课。1929年初，被任命为浙江省公路局局长，积极推进全省公路网的建设。经过5年的努力，浙江省从原先互不联贯的商办公路10余条200千米，发展到可通车公路达2 000余千米，在建公路1 000余千米。在进行公路工程建设的同时，陈体诚对于公路的运行、管理，车辆的维护、修理等，都做了全面的筹划部署，行车设施基本配备齐全，驾驶员都经过训练培养，做到行车安全，管理有序，因此被誉为“浙江公路的奠基人”。

1933年，陈体诚调任全国经济委员会公路处处长，兼闽浙赣皖四省边区公路处副处长。1934年，任福建省建设厅厅长，后又兼任福建省财政厅厅长。4年间在浙江、福建修建公路数千千米，尤其是连接闽、赣两省的闽西北公路干线，在抗战爆发沿海公路遭破坏后，成为东南沿海通往内地的重要通道。

抗战爆发后，政府急于开辟西北和西南的公路系统，陈体诚调任西北公路特派员，负责开辟新疆一带的道路，兼任甘肃省建设厅厅长，同时，仍兼任全国经济委员会公路处处长，将各省的公路建设纳入国家计划轨道。他广揽人才，任用适当，克尽其能，使公路建设发展迅速，数年间通车公路已达10万余千米，省与省之间都有公路干线贯通，陈体诚也获得“我国公路运输的奠基人”的美誉。

1938年夏，为适应西南后方连通海外的需要，陈体诚又被调任西南公路运输处副处长、代处长。太平洋战争爆发后，我国东南海运断绝，滇缅公路成了将外国援华物资运入国内的唯一运输线。1941年9月，经美国方面建议，西南公路运输处改为中缅运输总局，归军委运输统制局领导。局长由军委后方勤务部部长、运输统制局副局长、上将军衔的俞飞鹏兼任，陈体诚任副局长。抢运抗战物资的工作主要由陈体诚承担。他不计个人安危，亲临第一线，辛勤工作。

1942年4月，仰光失守，滇边告急。陈体诚亲赴腊戌，调度督运，连续8昼夜没有休息。运送最后一批物资归来时，过惠通桥，敌骑兵追至，他临阵不惧，奋力抢救物资无数，于敌人到来之前自毁大桥离去。6月，他再赴保山督运，不幸触瘴染疫，于1942年7月11日与世长辞，年仅49岁。

4. 茅以升与钱塘江大桥

在北洋大学执教期间的茅以升

钱塘江是浙江省最大的河流，湍急的江水将富庶的浙江分成东西两部分，交通隔阻，甚至对全国的国防和经济文化发展也产生了限制。基于此，1933 年，国民政府决定建造一座跨江大桥。此前现代化的大桥几乎都是由外国人兴建：郑州黄河大桥是比利时人造的，济南黄河大桥是德国人造的，哈尔滨松花江大桥是俄国人造的，蚌埠淮河大桥是英国人造的，沈阳浑河大桥是日本人造的，云南河口人字桥是法国人造的。而这座跨江大桥的兴建改写了历史，造就了一位中国工程师的一世英名，他就是大名鼎鼎的茅以升。

茅以升（1896—1989），江苏镇江人。1911 年，16 岁的茅以升考入唐山路矿学堂预科，4 年后，以第一名的成绩毕业，赴美留学，一年后获得康奈尔大学硕士学位，来到匹兹堡桥梁公司实习。1919 年 10 月，茅以升 30 万字的博士论文《桥梁框架之次应力》被全票通过，获得卡耐基梅隆理工学院（现为卡耐基梅隆大学）工学博士。1919 年 12 月，茅以升登上远洋轮船，返回祖国。

1933 年 3 月，正在天津北洋大学执教的茅以升，先后接到老同学浙赣铁路局局长杜镇远和浙江省公路局局长陈体诚发来的电报和长函，请他速回杭州商议建造钱塘江大桥事宜。这对茅以升来讲，真是千载难寻的机会。他毅然辞去北洋大学教授的职务，应邀南下杭州。茅以升的职业巅峰，正是主持建造了中国第一座自行设计、施工的铁路公路两用现代化桥梁——钱塘江大桥。

在茅以升之前，民国政府铁道部顾问、美国桥梁专家华德尔曾提出过一个公路、铁路和人行道同层并行的联合桥方案，桥面宽、桥墩大、稳定性差，投资需 758 万银元。茅以升经过一年多的勘察、设计、筹备，设计出了一个双层联合桥，外形美观，桥基稳固，投资只需 510 万银元（当时合 163 万美元）。

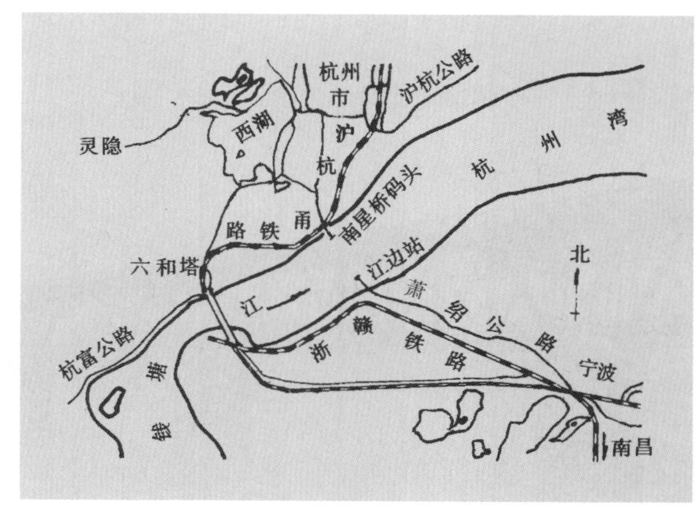

钱塘江大桥桥址地形图

1933 年 8 月，浙江省建设厅成立“钱塘江桥工委员会”，茅以升任主任委员。次年 4 月 1 日，浙江省政府成立“钱塘江桥工程处”，茅以升任处长。茅以升邀请曾就读美国康奈尔大学的同窗好友罗英为助手，担任建桥总工程师要职，和自己一起实施建桥方案。

钱塘江以险恶闻名，上游时有山洪暴发，下游常有海浪涌入，如遇台风更是浊浪排空，势不可挡，钱塘江大潮高 5 米至 7 米，令人生畏。而且江底石层上有极细的流沙，深达 40 余米，在上面打桩十分困难。建造钱塘江大桥首先要克服两大障碍，一是洪水和涌潮；二是流沙。有外国工程师妄言：能在钱塘江上造大桥的中国工程师还没出生呢！

大桥开工不久，困难接踵而来。茅以升遇到的第一个难题就是打桩，要把长长的木桩打进厚达 40 多米的泥沙层，令其站在江底岩石上才算成功。茅以升特制了江上测量仪器，解决了木桩定位问题，再用“射水法”打桩，即把钱塘江的水抽到高处，通过水龙带将江底泥沙层冲出一个洞，然后往洞里打桩。用这种方法一昼夜可打桩 30 根，工效大为提高。

沉箱是建桥的重要基础，长 18 米、宽 11 米、高 6 米的钢筋混凝土沉箱，像一个无顶的大房子，重达 600 吨。潮大水急，要把这样的庞然大物从岸上运到江里，然后准确地放在木桩上，难度极大。如沉箱站不住，桥墩就无法浇筑。其中 3 号沉箱，在 4 个月内就先后数次被冲到下游的闸口电厂、上游的之江大学等处。后来根据一名工人的建议，把原先 6 只各重 3 吨的固定沉箱的铁锚，换成了每只各重 10 吨的混凝土锚，在海水涨潮时放沉箱入水，落潮时赶快就位，结果一举成功，600 吨重的箱子稳稳地立在了木桩上，以后沉箱也再没有发生移动。

钱塘江大桥今影

建桥过程中，茅以升充分发挥 80 多名工程技术人员和 900 名工人的智慧，攻克了 80 多项难题。在总工程师罗英协助下，还打破先做水下基础、再做桥墩、最后架钢梁的传统造桥程序，采用上下并进、一气呵成的方法，即基础、桥墩、钢梁三种工程一起施工，并使全部工程做到了半机械化，大大提高了工程效率。

1937 年 8 月，淞沪抗战爆发后，日军飞机空袭上海、南京、杭州，并轰炸了未建成的钱塘江大桥。淞沪将士赴死抵抗，为建桥赢得了时间。当时工程已近尾声，茅以升、罗英等几十人坚持在距水面 30 米深的沉箱气室内紧张施工。9 月 26 日，钱塘江大桥的下层单线铁路桥率先通车。茅以升带领工程人员日夜赶工，希望尽快将大桥上层公路桥桥面完成，但已经明显感觉到他已无力把握这座大桥的命运。11 月 16 日，他接到了一份军方绝密文件，称因日军已逼近杭州，要在明日炸毁大桥，以防敌人过江。炸桥所需要的炸药及电线、雷管等，都已运至工地。

钱塘江大桥是在抗日战火中诞生的，考虑到战争的需要，茅以升他们在设计施工时，就已预估到大桥可能遭到战祸，独具匠心地在南 2 号桥墩预设了毁桥埋放炸药的空洞。当晚，茅以升以一个桥梁工程学家严谨、精准的态度，将钱塘江大桥所有的致命点标示出来。这是茅以升一生中最难忘、最难受、最难捱的一天。17 日凌晨，炸药全部埋放好，茅以升又突然接到省政府通知，命令大桥公路立即放行。原来战事爆发后，撤退过江者剧增，靠船渡难以维持交通，情势严重，不得已只能开桥放人。从这天起，大桥全面开放 30 多天，逃难者走过的是埋着炸药的桥。

12 月 19 日，日军从安吉、武康、嘉兴三个方向进攻杭州。国民党守军失利后撤，杭州危在旦夕。12 月 23 日，炸桥令下达。随着一声巨响，钱塘江大桥被全部炸毁。总长 1 453 米、历经 925 个日日夜夜、耗资 160 万美元建成的钱塘江大桥，有了这样一个令人悲痛的结局。而日军占领杭州后，因大桥已炸，被钱塘江天堑所阻，滞缓了侵略的步伐。

桥炸之后，大桥工程处向浙江兰溪撤退，随行带走了全部的大桥档案，并派专人负责管理。来到兰溪后，茅以升投入最大精力组织人员绘制钱塘江大桥竣工图，赶制工程报告。竣工图共 200 多张，都画在描图布上，可以长期保存。

1938 年春，茅以升得到通知，唐山工程学院已经撤退到湖南湘潭，由他担任院长，准备在那里复课。于是，他带领大桥工程处剩余寥寥无几的工作人员赶赴湘潭，将整理完毕的大桥工程档案装在 14 个木箱里，随行携带。

抗战后期，考虑到战后桥梁事业的发展，1943 年，国民政府在重庆成立了中国桥梁公司，由茅以升担任总经理。1946 年春，接受政府通知，茅以升带着 14 箱档案资料回到劫后的杭州，充实大桥工程处人员，准备修桥。他们对大桥进行了重新勘测，1947 年夏，委托中国桥梁公司上海分公司承办施工。

当时国民党统治已进入土崩瓦解的状态，人心涣散，兼之经济崩溃，修桥经费难以保障，工程进展异常迟缓。1949 年 5 月 3 日，杭州解放。在此之前，当局妄图炸毁大桥以阻止解放军南下，在杭州地下党和铁路工人的努力下，大桥主体没有受到太大破坏。其后上海铁路局接手继续施工，1953 年，钱塘江大桥恢复了昔日的面貌。

1989 年 11 月 12 日，茅以升因病在北京逝世，终年 94 岁。他被后人誉为“中国现代桥梁之父”。

七、民国时期的纺织工程师

1. 近代纺织工业的发展

鸦片战争爆发后，中国成为西方国家的工业品销售市场和工业原料、农业土特产供给地。生丝成为中国最主要的出口商品之一，同时，便宜耐用的“洋纱”“洋布”也大量输入，令国产的土布相形见绌，国内原有的传统手工纺织业受到很大冲击，逐渐衰落甚至走向解体。

为拯救民族纺织业，洋务派的一些代表人物以及开明的地方士绅们，打出了“振兴实业，挽回利权”的口号，先后筹集资金从国外引进纺织机械建厂，为我国近代纺织工业的兴起揭开了帷幕。从1880年左宗棠兴办的第一家采用全套动力机器的纺织厂甘肃织呢局，到之后的上海机器织布局、华盛纺织总厂、湖北四局再到华新纺织新局，我国的纺织业也经历了从官办到官督商办再到官商合办的发展过程。

19世纪末20世纪初，近代纺织工业快速发展，几乎每年都有较大规模的纺织厂开工。尤其是第一次世界大战期间，中国民族资本得到发展契机，华商纺织厂有了很大的扩展。战争结束后，欧美国家逐渐恢复元气，再度向华倾销纺织品，而此时民族资本已具备一定实力，与之展开了激烈的竞争。抗战时期，沦陷区的纺织设备均被日军掠夺霸占，欧美等国的在华垄断势力也被日本取代。日本人控制了我国棉纺织总锭数的4/5。尽管在西南大后方，动力机器纺织生产有所发展，但许多地区不得不重新依靠手工机器及其改进形式进行生产，以弥补战时纺织品的严重不足。

2. 实业家张謇与近代纺织教育

张謇

张謇（1853—1926），江苏海门人。在父亲的教导下，张謇4岁起读私塾，15岁参加科举考试，16岁应院试，中第二十五名秀才，1885年，张謇应顺天（今北京）乡试，中第二名举人。1888至1893年六年中，张謇先后主持江苏赣榆选青书院、太仓娄江书院、崇明瀛州书院。1894年，慈禧60岁生日，特设恩科会试，已届41岁的张謇，难违父命，赴京应试，中一甲第一名状元，任翰林院修撰。

这一年，甲午战争爆发，北洋水师惨败。甲午之耻激发了张謇的爱国之情，他决心放弃仕途，实践“父教育，母实业”的救国抱负。他在日记中写道：“愿成一分一毫有用之事，不愿居八命九命可耻之官。”1895年秋，张謇筹办大生纱厂，开始了从士大夫向实业家的转变，其后他又创设一系列实业、文化、教育事业。1912年，张謇接受孙中山任命，担任实业部总长兼两淮盐政总理。1913年，加入熊希龄“第一流人才内阁”，任农林工商总长，兼全国水利局总裁。1915年，他因反对袁世凯称帝而辞掉所有任职，回到南通故里。张謇又创建南通纺织专门学校，培训纺织技术人才；筹办棉业试验场，推广棉花良种。1917年，张謇在上海发起成立华商纱厂联合会，并被推选为会长。

张謇一生的志趣在于教育和实业。他说：“向来实业所到即教育所到”，“苟欲兴工，必先兴学”。这也是张謇在创办实业过程中总结经验教训后得出的结论。张謇在创办大生纱厂时，因缺乏技术，事事依赖洋人，于是，立志培养自己的技术人员。1912年4月，张謇在大生纱厂附设纺织传习所。是年秋，规模扩大，改称南通纺织学校，聘请日籍教员和中国留美学生任教。中国纺织业以学校形式大规模培养专业技术人才由此而始。

1913年，张謇带头捐资，筹集经费，加上大生纱厂抽出的部分余利，用以新建校舍，将学校定名为南通纺织专门学校。这是中国第一所单科性纺织技术教育高等学校。张謇为该校手题“忠实不欺，力求精进”的校训，又撰写《纺织专门学校旨趣书》。至于学校经费，张謇规定由大生各厂按成负担，在每年的纱厂余利中支付。此例沿袭，保证纺织学校长久不衰。张謇对纺织专业教育提出了许多自己的理念，比如提倡“手脑并用”。1914 年，他为该校筹设实习工场，购置全程设备，供学生实践纺织工程技术。此后，纺织专门学校陆续增设丝织专业班、电工专业班、机械专业班，还增设了针织技术课。1917 年纺织本科毕业生已有两届 50 余人，毕业生大部分供全国各纺织厂充实技术力量，少部分为大生纱厂留用，还有少数人出国留学，以期回国后充实本校师资。

1927 年，纺织专门学校更名为南通纺织大学；1928 年，又与南通医科大学、南通农科大学合并成南通大学；1930 年，更名南通学院；抗战期间该校迁往上海，战后返回南通；1952 年，院系调整时并入华东纺织工学院，即现在东华大学的前身。南通学院纺织科办学 40 年，桃李满天下，毕业的学生前后共 1 750 余名，分布于全国各主要纺织厂、印染厂、纺织院校、纺织科研单位和各级纺织管理机构，成为我国纺织工业的骨干力量。

张謇在发展棉纺织工业的同时，还兴办轮船公司、铁厂、面粉厂、缫丝厂等企业，组成以棉纺织企业为核心的大生企业集团。他的名字与中国民族工业的发展联系在一起。

1926 年 8 月 24 日，张謇病逝，享年 73 岁。新中国成立后，毛泽东主席在谈到中国近代工业时曾经说过：“讲民族轻工业，不能忘记张謇。”这是对张謇所做贡献的最好评价。

3. 近代纺织机械工程师——雷炳林

雷炳林（1882—1968），广东台山人，年少时在家乡就读私塾。其父早年赴美谋生，1899 年，雷炳林赴美帮助父亲经营洗衣业。1902 年，母亲在台山病故，父亲回国料理后事，将其在纽约的业务交给雷炳林经营，这是他事业上的一个转折。当时国内发生抵制日货运动，华侨闻风兴起发展新兴工业之潮，香港华洋织造公司即为其一。该公司最初由华人在美国波士顿发起组织，随后扩充至纽约，雷炳林也是发起人之一。同时，雷炳林决心学习纺织，他是我国早年留美学习纺织的第一人。

1902 年至 1910 年，雷炳林在美完成中等教育，并从费城纺织学校毕业。1910 年，雷炳林学成回国，于 1911 年至 1913 年，任广东东莞工艺局局长兼织染教员，1913 年至 1916 年，任广东工艺局织染技师。1916 年，雷炳林受张謇聘任为南通纺织专门学校教授，执教 7 年。1923 年春，雷炳林转入永安公司任永安一厂布厂主任，并与骆乾伯共同管理该厂有关技术工作。1924 年冬，永安公司收购吴淞大中华纺织厂并改称永安二厂，调骆乾伯前往主持，永安一厂的厂务由雷炳林接任。1937 年抗战开始后，雷炳林调任永安三厂制造部主任（相当于总工程师）。

雷炳林为永安公司打出“金城”名牌棉纱、棉布。除了做好管理工作外，他一直以改良机器、降低成本和提高产品质量为己任，于 1936 年夏，研究出精纺机弹簧销大牵伸机构和粗纺机双喇叭导纱装置两项发明，后者在 1937 年 4 月获当时南京国民政府实业部批准专利 5 年，同年 11 月发给第 97 号专利证书。他又对皮圈伸张器等牵伸部件不断加以改进，在 1939 年 10 月 31 日，又得当时重庆国民政府经济部准予追加专利。雷炳林也以此项发明向国外申请专利，其中英国于 1938 年 2 月 17 日发给第 505457 号特许证书，准予专利 16 年，并推荐他为英国皇家学会会员。其他如印度、美、法、德、意和瑞士等国也批准了他的专利。

雷炳林的创造发明为纺织科研起了开拓作用。当时中外报刊多有报道和评论，对两项发明在理论及实践上都加以肯定。上海《申报》评论：“雷氏的发明，一雪外国人讥笑中国人只能使用机器而不能发明机器之辱。”可惜当时中国局势动荡，除少数厂曾经采用或改装试验外，雷氏的发明未能及时深化、提高和推广应用。而国外直至 20 世纪 60 年代初期，才逐步由西欧一些著名厂商开发出弹性销活络钳口牵伸机构，全面取代传统的固定钳口牵伸机构，使全球的纺纱工艺设备起了划时代的变革，比雷氏晚了 20 多年。

抗战胜利后，雷炳林针对实业界只求经济上的获利而忽略技术上的改进，为民族工业的前途担忧而发出“技术家的责任”的呼声，呼吁政府实施保护政策，号召技术人员努力改进技术，以期能与外国抗衡。

雷炳林于 1952 年从永安三厂退休。纺织工业部于 1955 年在上海组织了“综合式大牵伸装置”专题研发小组，雷炳林虽已退休，仍受命参与有关牵伸技术的研发。该项研究于 1956 年年中试验成功，以后曾推广了 70 万锭。

4. 近代色织工程先驱——诸文绮

诸文绮（1886—1962），原籍江苏武进，生于上海，商人家庭出身。1904 年在上海龙门学堂结业后，考入上海江海关任职员。1906 年东渡日本，先入语言学校补习日语，次年考入名古屋高等工业学校，改读化学并取得上海县劝学所助学金。1910 年学成归国，经清政府留学生考试，成绩优异，被授予进士衔，并派任农工商部部员。

诸文绮自日本归国后，目睹纺织品市场上外货充斥，深以为患。当时国内连日常生活必需的丝光线也无力生产，只能向日商洋行订购，利权外溢严重。1911 年，诸文绮在江苏省立工业学校任教期间，边教学边研究纺机设计和制造，自行设计、绘制棉线丝光机图样，并委托合众机器厂加工制造。棉线丝光机是丝光线生产的关键设备，因棉线漂、染都可以用手工操作，而碱液丝光必须用机器。该样机完成后，他又设计丝光线生产工艺程序，以半手工方式，经多次尝试，终于试制成功了丝光线的生产工艺流程。

1913 年，诸文绮集资数千元，在上海北四川路横滨路创办启明丝光染厂，自任总经理。该厂采用西法丝光工艺，生产出质量可与进口货媲美的产品。这些产品除供应江浙市场外，还远销华南、华北各地，一时供不应求。在此期间，他经研究试验，获得了在丝光碱液中加入猪油，以增加渗透、提高质量的创新方案。1914 年，他潜心创名牌产品，向北洋政府提出申请，获批准专利 5 年，使用双童牌注册商标，生产各种丝光线，并设立发行所。双童牌丝光线产品曾在巴拿马国际博览会上获特等奖，声誉日隆。染织同业公会特别制成银盾一枚授予诸文绮，誉之为丝光业鼻祖。

1916 年，启明染织厂将提花木织机改进为铁木动力机。1924 年，诸文绮研制出色织布打样机，解决了长期以来在设计新的花色布样时，因必须先上布机试织样品而造成大量布匹浪费的问题。这种打样机不仅在色织业中被普遍应用，在毛纺织行业中应用也很广。

诸文绮兴办染、织生产和染料制造工厂，设立发行所，经营银行，融产、销、金融于一体，为我国早期纺织工业的发展做出了贡献。他还用经营实业所得，建设学校，培育人才。1936 年，他依照私立学校办学规定，筹足基金，聘请教育专家及染织工业界知名人士为校董，组织校董会，在上海闵行镇东、黄浦江边拓地三十余亩，筹建文绮染织专科学校，1946 年该校建成开学。该校是一所三年制专科学校，设染织科，招收高中毕业生，传授纺织、印染技术。1949 年 7 月第一届学生毕业。1950 年该校并入私立上海纺织工学院，之后又经院系调整，并入华东纺织工学院（今东华大学）。

1947 年，诸文绮又在上海闵行创办文绮高级中学。1948 年 11 月，他和上海工商界人士章乃器、包达三等人，经中共党组织安排，从香港到北平。1949 年 5 月上海解放，诸文绮返沪任上海工商联合会筹备委员，1950 年离沪定居香港。1962 年 4 月他因病逝世，终年 76 岁。

八、民国时期的化工与机械工程师

1. 实业家范旭东与中国近代化工业的发展

范旭东（1883—1945），湖南长沙东乡人。1908年，考入日本京都帝国大学应用化学科。1912年回国，在国民政府财政部任职，次年被派赴欧洲考察盐政。回国后，他深感中国盐业落后，决意从办盐业入手，进而以制盐、制碱来发展我国化学工业。1914年，范旭东在天津塘沽创办了久大精盐公司，两年后，制出国产第一批精盐，从而结束了当时国人以粗盐为食的历史。1919年，他又在塘沽创办永利碱厂。

办厂过程中，由于国外企业不肯转让技术，中国的工程技术人员不得不自行研制，备尝艰辛。这使范旭东意识到科学技术对发展中国民族工业的重要性。1922年，他将久大精盐公司和永利碱厂付给创办人的酬劳金全部用作科研经费，以久大精盐公司实验室为基础，创办了“黄海化学工业研究社”。这是中国私营企业设立的第一个科研机构，由此中国出现了一个被称为“永久黄”的工业团体（永利碱厂、久大精盐厂、黄海化学工业研究社）。1921年，范旭东聘请美国专家托马斯帮助安装制碱设备，托马斯向中国工人和技术人员传授了制碱工艺，接受托马斯培训的人员中就包括著名化工工程师侯德榜。

从长远来看，培养、利用中国自己的人才力量解决问题，才是根本办法。范旭东从国外招聘来包括侯德榜在内的很多留学人才，其中包括余啸秋、刘树杞、吴承洛、徐充踵、李得庸等人。他又在国内聘用了李烛尘、陈调甫、孙学悟、阎幼甫、傅冰芝等一批有真才实学的实干家，这些工程师后来为永利碱厂的发展立下了汗马功劳。

经过7年的努力，永利碱厂生产的“红三角”牌纯碱畅销国内外，在美国费城万国博览会上荣摘金奖，这是中国的产品首次得到国外的大奖。永利的成功使原本垄断中国碱品市场的卜内门公司黯然缴

天津塘沽永利碱厂旧影

械投降，它们与永利碱厂协商并签订协议，卜内门公司在中国市场占有率不能超过 45%。

创办盐、碱企业成功后，范旭东深知我国化学工业要想有较快的发展，生产“酸”这一基础化学工业也一定要自立，只有这样才不致受外人挟制。鉴于此，范旭东在 1929 年正式向国民政府提出承办硫酸铔厂（硫酸铔即硫酸铵，铔是铵的旧称，现已不用），并作积极准备。1933 年 10 月，英、德两国的化工公司在与民国政府实业部谈判合作中，提出“12 年内中国不得在长江以南再建新的硫酸厂，而且所建工厂的产品只能由英国卜内门和德国霭奇两家公司包销”等苛刻要求，意欲完全垄断中国市场。谈判最终以流产告终。范旭东在此时积极争取，实业部最终决定由国人自办硫酸铔厂，并限动工后两年半内完成。

1934 年 3 月，永利碱厂更名为永利化学工业公司，由范旭东任总经理，李烛尘任副总经理，侯德榜任总工程师。范旭东以借贷抵押方式筹措到资金，正式筹建永利化学工业公司南京永利铔厂。创建南京永利铔厂之初，鉴于制酸工艺复杂、要求设备精良，为确保铔厂工程质量，范旭东特派侯德榜等人赴美学习制酸技术和订购设备。随后，侯德榜即带领杨云珊等工程师前往美国，解决设计、采购设备等事项，并学习、掌握生产技术。1937 年 1 月，堪称“远东第一”的中国人自办的首座化肥厂——南京永利铔厂，在范旭东与员工们的努力下，仅用 30 个月就如期竣工。

1937 年 2 月，永利铔厂正式全面投产，它由三个分厂——硫酸厂、氮气厂及硫酸铵厂构成，拥有日产合成氮 39 吨、硫酸 120 吨、硫酸铵 150 吨和硝酸 10 吨的规模。该厂不仅第一次制成了农业用化学肥料，同时也制造了大量的工业用硫酸和硝酸。其“红三角”牌化肥在市场上供不应求，可与美国杜邦公司的产品相媲美，打破了英、德垄断中国市场的局面。錏厂建成后，范旭东非常激动地说：“我国先有纯碱、烧碱，这只能说有了一只脚。现在又有了硫酸、硝酸，才算有了化工的另一只脚。有了两只脚，我国化学工业就可以阔步前进了。”

1937 年，正值永利錏厂发展之际，抗日战争全面爆发。为配合中国军队的作战需要，范旭东组织錏厂员工赶制军需原料硝酸，以供军方火药，支援抗日。其间，日军因该厂对军事、民用关系重大，多次威逼范氏，表示“只要合作，即可保全”。范旭东断然拒绝了日本人的要求。他凛然陈词：“宁举丧，不受奠仪！”日军恼羞成怒，于同年 8 月 21 日、9 月 27 日、10 月 21 日分 3 次轰炸錏厂，厂区中弹 87 枚，遭到严重破坏，生产被迫停止。同年 12 月 13 日，国民党卫戍部队撤出南京，錏厂被日军海军陆战队占领。

抗日战争胜利后，范旭东以极大的热情投身于中国化工事业的复兴，然而，命运多舛。1945 年 10 月 4 日，范旭东在四川重庆沙坪坝南园的狭小宿舍里，因脑血管病辞世，享年 62 岁。

20 世纪 50 年代中期，毛泽东主席在谈到中国民族工业的发展过程时说，近代中国有四个实业界人士不能忘记，其中之一就是搞化学工业的范旭东（另三人分别是重工业张之洞、轻工业张謇、交通运输业卢作孚）。

2. 近代化工工程师的楷模——侯德榜

侯德榜（1890—1974），生于福建省闽侯县一个普通农家。他自幼半耕半读，勤奋好学，1907 年，就读于上海闽皖铁路学堂，1910 年，毕业后在英资津浦铁路当实习生，1911 年，考入北平清华留美预备学堂，1913 年，被保送到美国麻省理工学院化工专业学习，1917 年，毕业获学士学位，再入普拉特专科学院学习制革，

侯德榜

次年获制革化学师文凭，1918 年，又到哥伦比亚大学研究生院学习制革。1919 年，获硕士学位，1921 年，获博士学位。

1921 年，侯德榜接受永利碱厂总经理范旭东的邀聘，离开美国启程回国，承担起续建碱厂的技术重任。在制碱技术和市场被外国公司严密垄断的条件下，侯德榜解决了一系列技术难题，使得 1926 年永利碱厂顺利投产，生产出优质纯碱。

1933 年，侯德榜用英文撰写了《纯碱制造》（*Manufacture of Soda*）一书，在纽约出版。在该书前言中，侯德榜写道："本著作可说是对存心严加保密长达世纪之久的氨碱工艺的一个突破。书中叙述了氨碱制造方法。对细节尽可能叙述详尽，并以做到切实可行为目的，是本书的特点。书中内容是作者在厂十多年从直接参加操作中所获的经验、记录以及观察、心得等自然发展而形成的……"这本书的出版，结束了氨碱法制碱技术被垄断、封锁的历史，在学术界和工业界受到高度重视，被公认为制碱工业技术的权威著作。美国著名化学家威尔逊教授称赞该书为"中国化学家对世界文明所做出的重大贡献"。该书相继被译成多种文字出版，对世界制碱工业的发展起到了重要作用。为了表彰侯德榜突破氨碱法制碱技术奥秘的功绩，1930 年哥伦比亚大学授予他一级奖章；1933 年中国工程师协会授予他荣誉金牌；1943 年英国皇家学会聘他为名誉会员，他是当时全世界仅有的 12 位名誉会员之一。

1934 年，更名后的永利化学工业公司任命侯德榜为厂长兼技师长（即总工程师），全面负责筹建南京永利铔厂。侯德榜深知筹建这一联合企业的复杂性，且生产中涉及高温高压、易燃易爆、强腐蚀、催化反应等高难度技术，是当时化工技术之最，而国内基础薄弱，公司财力有限，工作难度大。他按照"优质、快速、廉价、爱国"的原则，决定从国外引进关键技术，招标委托部分重要的设计，选购设备，选聘外国专家。1934 年 4 月，侯德榜带着 6 名技术人员赴美考察，购买设备，回国后即投入安装，仅用 30 个月的时间，1937 年 1 月，这座重化工联合企业建成并一次试车成功，生产技术也达到了当时的国际水平。永利碱厂和南京永利铔厂两大化工企业的建立，为我国化学工业的发展奠定了基础。

抗战期间，永利化学工业公司决定迁到地处大后方的四川，重建中国化工基地。1938 年，在岷江岸边的五通桥，开始筹建永利川厂，后改名为“新塘沽厂”。在筹建永利川厂纯碱装置之初，侯德榜等人考虑到四川井盐昂贵，耕地少，不能沿用氨碱法，于是侯德榜率队到德国洽购察安法专利，谈判失败。回国后，侯德榜组织指导永利公司大批技术骨干开展了新法制碱的研究。次年春，侯德榜安排科研人员将试验迁到香港进行，他自己在纽约函电联系指导。通过 500 多次试验，研究小组分析了 2 000 多个样品，侯德榜和几位技术骨干基本掌握了察安法工艺。侯德榜决定研究碳酸氢铵水溶液与食盐粉直接复分解的方法（复分解反应是化学中四大基本反应之一），1940 年初，试验有了初步结果，研究小组随即在上海法租界安排进行扩大试验。同时，公司增派技术人员到美国深入进行补充试验，并着手进行碱厂设计。1941 年初，研究小组在美国的试验得到了准确的结论，并查明了察安法专利报告所谓“该法的关键在中间盐的加入”的虚妄论断。同时，上海的扩大试验也初步得到了近似小试的结果，表明新法制碱初步成功。永利川厂厂务会议决定将新法命名为“侯氏碱法”，这种联产纯碱和氯化铵的连续法联合制碱新工艺，是纯碱生产技术发展历程中继吕布兰法、氨碱法之后的第三次飞跃。

不久，太平洋战争爆发，上海法租界被日军占领，新法制碱的扩大试验被迫中断；同时永利化学工业公司在撤退中设备器材等尽陷敌手，川厂的建设前景受到了严重威胁。在范旭东的支持下，侯德榜仍继续进行他的第三步试验，即研究制碱流程与合成氨流程结合，连续生产纯碱与氯化铵的工业试验方案。侯德榜在美国购买了已受控制的液氨，空运四川，在川西五通桥建设了一套日产纯碱和氯化铵各几十千克的连续法中间试验装置。中试运行顺利，确立了“侯氏碱法”的原则流程。该方法融合了氨碱法与察安法，使碱厂与氨厂密切结合，食盐利用率达 95% ~ 98%，没有废液排出，投资和产品成本比分别建厂大幅度降低。不幸的是，由于战争影响，条件困难，这套中试装置运转两个多月就停产了。

1945年抗战胜利后，永利公司的精力转向了恢复塘沽碱厂与南京永利铔厂的生产。由于受到各方面的影响，永利川厂的建设和“侯氏碱法”的工业化实施一直未能继续。1949年底，侯德榜受中央财经委员会和重工业部委托，率团到东北考察时，发现生产氨的大连化学厂与生产碱的远东电业曹达工厂隔墙为邻，是发展联合制碱的极好条件，他当即建议两厂结合，采用这一新工艺；同时，建议在恢复大连化学厂生产的过程中，建立联合制碱的生产试验车间。在侯德榜的指导下，试验车间开展了日产10吨的试验装置设计、设备制造、安装、试验等工作。1952年底，由于苏联专家的反对，试验被迫中断。后在侯德榜的坚持下，化工部给予了支持，试验重新展开，随即开展了16万吨级生产车间的设计。在侯德榜的指导下，工厂进一步完善了联合制碱流程，确定了工艺参数、设备选型等生产所需数据。1961年，第一条8万吨级生产线建成，投入试生产。1964年，试生产达到了预定的各项指标，之后，这种新工艺陆续在全国50多家工厂推广，年产纯碱和氯化铵各达百万多吨，“侯氏碱法”成为我国生产纯碱和化肥的主要方法之一。

自幼树立“科学救国”“工业救国”宏愿的侯德榜，热心于科技知识的传播与应用，注意爱护和培育科技人才，同时也十分重视科技社团在传播交流科学技术方面的作用。他是我国最早成立的科技社团——中国科学社的元老成员之一。他先后担任过中华化学工业会、中国化学工程学会、中国化学会、中国工程师协会、中国化学化工学会以及中国化工学会的理事、常务理事和理事长，并曾当选为中华全国自然科学专门学会联合会及中国科学技术协会的副主席。20世纪50年代，侯德榜担任化工部副部长、全国人大代表、政协常委等许多重要职务后，依然经常深入基层，主动为工厂和设计院所的技术人员讲课、做报告，介绍新技术、新知识，经常亲自处理、答复大量请教技术问题的来信，审阅发明建议资料，审改书刊稿件。病重住院期间，他在病床上坚持为一名技术员撰写的关于磷肥生产的书稿进行审阅、修改，直到病危，并为最终无力改完这本书稿而遗憾。

1974 年 8 月 26 日，这位勤奋一生、功绩卓著的科学家、化工工程师在北京病逝，终年 84 岁。

3. 中国机械制造工程奠基人——支秉渊

支秉渊（1897—1971），浙江省嵊县人。他 15 岁丧父，依靠在沪杭铁路任土木工程师的异母长兄支秉亮资助完成学业。1916 年 7 月，他考入交通部上海工业专门学校（上海交通大学前身）电机科，1920 年毕业，取得电机工程学士学位。毕业后，支秉渊被聘为上海美商慎昌洋行实习工程师、工程师，负责发电机组、内燃机、水泵、压气机等机器设备的销售业务，这一职业对他掌握实际经验提供了很大的帮助。

1925 年五卅惨案爆发，激起了全国反帝怒潮，支秉渊萌发自己办厂的念头。他联络了大学同学魏如、吕谟承、朱福驷和校友张延祥、黄炎等人，在上海筹办新中工程股份有限公司（后改为上海新中动力机厂，2009 年重组后改为上海齐耀发动机有限公司）。“新中”寓有“新中国”之意，反映了支秉渊等爱国知识分子强烈的民族自尊心和振兴民族工业的志向。支秉渊在公司运行伊始就计划制造内燃机。已经熟悉并研究过柴油机的支秉渊、吕谟承、魏如各自分别设计了一台。因自身尚未设厂，他们便将图样委托其他厂代做，但 3 台柴油机造出后没有一个能够发动。经过此次教训，支秉渊调整计划，先行仿制热销于苏南沪宁路沿线和杭嘉湖一带、适用于农业灌溉的几种外国产水泵，结果营业状况奇好。

1926 年南洋大学举办了一届工业展览会，新中公司展示了自制的 8 英寸口径离心式抽水机，开车运行，证明产品轻巧坚实，较之舶来品有过之而无不及。新中公司迅速崛起，成立 3 年已称雄于上海水泵制造业。

1929 年，第一台国产双缸柴油机由支秉渊主持在新中公司制成，功率为36匹，热效率高于其他种类的狄塞尔柴油机。尽管是仿制成功的，但显示了当时中国内燃机制造和应用与世界发展水平已趋于同步。1930年，支秉渊着手制造40匹至90匹较大功率柴油机，以适应行船和组机发电，并在上海安亭镇与当地士绅合办电厂。新中公司为安亭以及萧山的永安电灯公司、嵊县的开明电灯公司、嘉定的南翔电灯公司提供的引擎装机容量达上海民营厂产引擎总装机容量的30%。

此外，他们于20世纪30年代初，开始研究仿制国外20年代后期出现并很快用作汽车发动机的高速柴油机。当时国内尚未有人作此尝试，都认为其制造难度很大，实际难度在汽油机之上。但支秉渊等工程师并没有畏惧，1937年仿制的机器顺利完成总装并初获成功。中国制造的第一台高速柴油机诞生。此后支秉渊继续与同仁研究内燃机，并由此开始构思和孕育中国汽车工业。

考虑到柴油汽车发动机在国内可能缺乏配套件难以生产，并受燃料供应短缺等因素影响难有销路，支秉渊在试制同期即着手柴油机改型为煤气机的工作。他们仿德国制造的M.A.N.煤气发动机试制，最终获得成功，支秉渊决定将45匹功率的煤气发动机装上旧汽车底盘来驱动。该车经过一段时期的短途试运行后，支秉渊亲自驾驶该车往贵阳赴会兼作长途试验，行至广西境内因机械故障折返祁阳，后经整修于1942年初重新启程，该车翻越湘、桂、黔、川四省崎岖山路，顺利抵达重庆。煤气引擎驱动汽车长途运行成功后，支秉渊又向制造整部汽车的目标迈进，他委派初出校门的工程师陈望隆专职设计监造，历时两年终于制成一辆样车。

1943年冬，中国工程师学会为表彰支秉渊领导制造内燃机的开创性成就，授予他金质奖章。支秉渊也成为继侯德榜、凌鸿勋、茅以升、孙越崎之后第五个获得这项中国工程技术界最高荣誉的人。

遗憾的是，随着1944年5月湘桂战役爆发，国民党战场第二次出现大溃败，无论是在建中的煤气机生产线，还是构想中的汽车制造计划都夭折了。直到中华人民共和国成立，中国才有了自己的汽车工业。

中国工程师史 第二卷

第三章

艰苦奋斗——新中国成立初期的工程师

一、百废待兴的中国工程事业

1. 新中国成立初期的国民经济恢复与工程建设

1949 年，新中国成立。当时整个中国的经济处于极端落后的状态，可谓千疮百孔、百废待兴。工业整体上处于手工作业阶段，设备落后，产品稀少；农业还停留在手工耕作、靠天吃饭的水平；交通状况更差，数千年前就已经使用的畜力车和木帆船等民间运输工具仍然大量存在；邮电通信落后，电话、电报还多是靠手工操作，约有一半的县没有自动电话，约有 1/4 的县根本无条件使用电报和长途电话通信；地域差异较大，中西部地区普遍处于十分闭塞的状态，市场上商品严重匮乏，大多数人民的温饱问题还没有解决。

新中国的建设者们仅用了短短 3 年的时间，就成功完成了恢复国民经济的重任，主要工农业产品产量均超过了历史最高水平，人民生活水平有了大幅提高。在农村进行土地制度改革的同时，党和政府在城市中也开展了多方面的改革，其中最重要的是在国营工矿企业进行民主改革和生产改革。为了不打乱原有的生产秩序，党和政府对工矿企业中的机构采取了“原封不动”的政策。随着国营经济的逐步稳定，开始在企业中进行系统的、有组织的、较为彻底的民主改革，推行管理民主化，建立工厂委员会，吸收工人参加管理，将一批有经验的工人提拔到生产负责岗位上来，大大提高和加强了工人的生产积极性和主人翁的责任感。

兴修水利和改善交通是恢复工农业生产的基础。1950 年，国家重点治理了连年泛滥成灾的淮河，并将目光从防洪防汛、减少灾害，转移到保持水土、发展水利的新高度。3 年内全国有 2 000 多万人参加水利建设，完成土方约 17 亿立方米。荆江分洪区和官厅水库等一大批水利工程都是在这一时期开工建设的，总工程规模相当于10条巴拿马运河或23条苏伊士运河，这是中国有史以来从未有过的大规模水利工程建设。在兴修水利的同时，国家还加强了以铁路为重点的交通建设。至1952年，全国共修复受战争损毁严重的津浦、京汉、同蒲、陇海等铁路近1万千米，新建成渝、天兰、宝成等铁路1 473千米。3年间，修复公路3万多千米，新建公路2 000多千米。初步解决了人民“行路难”的问题，为工农业发展和城乡交流提供了基础与保障。

这些工程中的每一步都凝聚着中国新一代工程师的心血。尽管新中国成立初期，工程师还极其缺乏，更多的工程项目主要靠工人、农民的长期经验和人海战术，这样高涨的建设热情，为后来中国工程事业的发展奠定了重要的基础。1956年，党中央、国务院提出“向科学进军”的口号，制定了《1956—1967年科学技术发展远景规划》，明确提出“四个现代化”的建设目标，极大地激发了广大科技工作者的积极性和创造性。在这个至今被认为最成功的12年科技规划中，技术科学和工程技术占据了绝大部分，为我国工程科技领域的发展打下了坚实的基础。

2.“一五计划”与“156项工程”的实施

在国民经济恢复阶段即将结束之时，中共中央制定了发展国民经济的第一个五年计划（简称“一五计划”）。“一五计划”提出的基本任务之一，就是集中主要力量实施苏联援建的156项工业建设项目。1950年2月14日，中苏两国签订了《中苏友好同盟互助条约》和《关于前苏联贷款给中华人民共和国的协定》，约定苏联以年利1%的优惠条件，向中国提供3亿美元的贷款，帮助中国进行国民经济最重要部门的恢复和改造。首批50个项目主要涉及煤炭、电力、钢铁、有色金属、化工等基础工业和国防工业。1953年5月15日，中苏又签定了《关于前苏联援助中国发展国民经济的协定》，苏联承诺援助中国新建和改建一批大规模的工程项目，包括91个企业。1954年10月，赫鲁晓夫率苏联政府代表团到中国访问，双

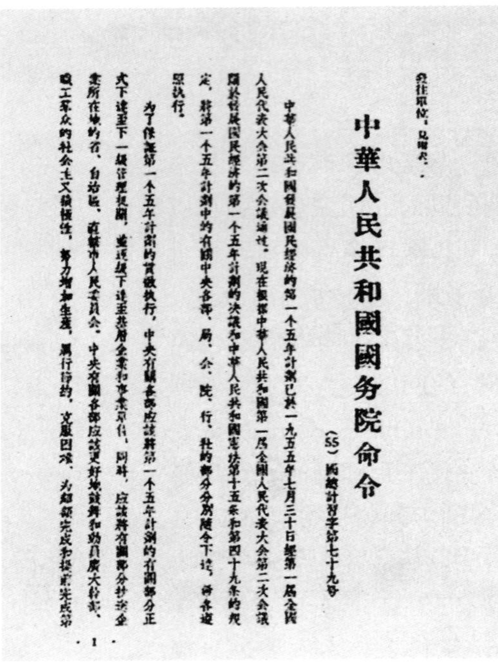
發往單位：見附表。

中華人民共和國國务院命令

（55）國總計習字第七十九号

中華人民共和國發展國民經济的第一个五年計劃已於一九五五年七月三十日經第一屆全國人民代表大会第二次会議通过。現在根据中華人民共和國第一屆全國人民代表大会第二次会議關於發展國民經济的第一个五年計劃的決議和中華人民共和國憲法第十五条和第四十九条的規定，將第一个五年計劃中的有關中央各部、局、会、院、行、社的部分分別隨令下達，希各遵照執行。

为了保証第一个五年計劃的貫徹執行，中央有關各部應該將第一个五年計劃的有關部分正式下達至下一級管理機關，並逐級下達至基層企業和事業單位，同時，應該將有關部分抄送企業所在地的省、自治區、直轄市人民委員会。中央有關各部應該更好地鼓舞和动員廣大職工群众的社会主义積極性，努力增加生產，厲行節約，克服困难，为超額完成和提前完成第

· 1 ·

国务院关于执行第一个五年计划的命令

方又签署了协定，由苏联帮助我国新建 15 个工业企业。

通过签定上述三次协议，苏联援助我国的工业建设项目总数达到了 156 项，总投资 196.3 亿元。其中有改建项目，也有新建项目。在确定的 156 项工程项目中，由于赣南电站改为成都电站；航空部陕西 422 厂统计了两次，造成两项重复计算，因此实为 154 项。在 154 项项目中，第二汽车制造厂、第二拖拉机制造厂因厂址未定，山西潞安一号立井、山西大同白土窑立井因地质问题未建，实际正式施工的项目为 150 项。其中包括，军事工业 44 项（航空工业 12 项、电子工业 10 项、兵器工业 16 项、航天工业 2 项、船舶工业 4 项），冶金工业 20 项（钢铁工业 7 项、有色金属工业 13 项），化学工业 7 项，机械工业 24 项，能源工业 52 项（煤炭工业和电力工业各 25 项、石油工业 2 项），轻工业和医药工业 3 项。

“156 项工程”重点项目的建设经历了苏联援助和自主建设两个阶段。20 世纪 50 年代属于第一个阶段，工程主要是在苏联专家指导下建设的。同时，苏联专家也培养了大批我国的技术人员、技术工人，这些人员日后成为了新工业基地的种子和骨干，是中国建设事业的栋梁之材。此外，我国还邀请了一批苏联教授到国内讲学，并派遣参观团和留学生到苏联参观、学习。1951 至 1962 年间，约有 8 000 多名中国公民在苏联学习生产技术，11 000 多名大学生和研究生在苏联学习。

1960 年前后，由于中苏两国关系恶化，苏联政府决定撤走全部在华专家，单方面撕毁对华援助合同。从此，“156 项工程”进入自主建设阶段，当时已建成 133 项，还有 17 项处于在建中。我国工程技术人员充分发扬了“独立自主、自力更生”的精神，攻克

了建设过程中遇到的一个个技术难题。至1969年，剩余项目的建设工作成功完成。“156项工程”的建设，使我国逐渐摆脱了工业落后的局面，形成了独立的工业体系，初步奠定了工业化的基础。

3. 新中国石油工业的发展与大庆油田的诞生

新中国成立后，经济建设、国防建设、战略储备，新兴社会主义建设的各条战线，包括千家万户百姓的煤油灯都需要油。1953年，中共中央主席毛泽东、国务院总理周恩来就我国东部能不能找到油田的问题咨询了地质部长李四光。李四光分析了石油形成和储存的地质条件，深信中国具有丰富的天然油、气资源。

从1955年8月开始，地质部、石油工业部先后在松辽盆地勘探石油。1958年4月18日，在位于吉林省郭尔罗斯前旗的达里巴，松辽石油普查大队对浅钻孔南17孔进行钻探作业，工人在取芯中发现了含油砂层，这是松辽盆地第一口含油显示井，该井含油虽不饱满，却证明了松辽盆地有油。石油部立即成立了松辽石油勘探大队、5个地质详查队，分布在松辽平原的东北部，即黑龙江绥棱、绥化、望奎、青冈、兰西一带，勘探大队配备了13台手摇钻寻找储油构造。同年6月，松辽石油勘探局正式成立。

根据调查处116队的报告，专家将第一口发现井定位在黑龙江省大庆市大同区高台子镇永胜村（现永跃村）旁，该井被命名为松基三井（松基三井也是松辽平原第三口基准井、大庆长垣构造带上的第一口探井）。1959年9月26日，这里第一次喷出了工业油流。松基三井出油是发现大庆油田的基本标志。为纪念在国庆十周年的前夕出油这个喜庆日子，油田被命名为大庆油田，油田内的大同镇被改为大庆镇。中国石油工业从此掀开了崭新的一页。

1960年2月，中共中央决定在大庆地区进行石油勘探开发会战。全国石油系统厂、矿、院、校共37个单位，由主要负责人带队，组织精兵强将，自带设备奔赴会战现场。当年退伍的万名解放军战士和3 000名转业军官也分别从沈阳部队、南京部队和济南部队开

20 世纪 60 年代大庆油田的钻井架

赴大庆。中央机关部门和黑龙江省支援会战的干部和工人也陆续赶赴大庆。到 4 月底，共有 4 万余人，设备 40 万吨，参加这一场声势浩大、艰苦卓绝的石油大会战。

20 世纪 60 年代正值 3 年自然灾害时期，面对“头上青天一顶，脚下荒原一片”的恶劣环境，在生产生活条件异常艰难的情况下，大庆人依靠“铁人精神”，取得了会战的胜利。这些“铁人”中，更是少不了中国工程师的身影。

大庆油田开发建设进展迅速，有力地支援了国家的经济建设。到 1963 年底，大庆油田已初具规模，当年原油产量达到 439 万吨，占全国原油产量的 67.8%，累计原油产量达到 1 166 万吨。

从 1964 年开始，大庆油田进入了全面开发阶段。在石油会战的基础上，又经过两年多的开发建设，大庆油田成为年产千万吨以上原油的大油田，使我国工农业生产和国防建设所需要的石油产品达到全部自给。到 1985 年，大庆油田年产量占全国石油总产量的一半，我国原油年产量也跃居世界第六位。大庆油田成为世界上年产量达到 5 000 万吨的少数几个特大油田之一。

继大庆油田之后，1964 年，我国又建成胜利油田和大港油田。1973 年，我国开始向国外出口原油和石油制品，进入世界主要产油国行列。

二、新中国的冶金工程师

1. 鞍钢——中国冶金工程师的摇篮

鞍钢坐落于辽宁省鞍山市，始建于1916年，其前身是日伪时期的鞍山制铁所和昭和制钢所。1945年8月，日本战败投降，苏联红军进驻鞍山，将昭和制钢所的2/3设备拆除，作为战利品押运到苏联。被拆除设备的单位总计25个，机械设备总重量达64 750吨。各厂设备损失均在一半以上，选矿、炼铁、轧钢等损失则在2/3以上。动力设备停止运转，致使鞍钢的生产全面瘫痪。

1946年春，国民党资源委员会接管鞍钢，然而复工计划几乎寸步难行。1948年2月，鞍山解放了。同年4月，鞍山钢铁厂成立。由于当时东北全境尚未解放，鞍钢着力组织工人护厂、护矿，将重要设备物资疏散到瓦房店、熊岳、普兰店、安东等地。同时，将一批留用的高级技术人员，如靳树梁、王之玺、邵象华、杨树棠、李松堂、毛鹤年、雷天壮、杨振古等接回鞍山。为了保存更多的技术骨干，还动员和转移了400多名技术人员，送往解放区学习。

1948年12月28日，鞍山钢铁公司正式成立，标志着我国第一个大型钢铁联合企业正式诞生。面临当时厂房、设备损坏严重的局面，为了尽快恢复生产，新成立的鞍山钢铁公司从沈阳、安东等地接回了过去疏散的工程技术人员，并以技术专家王之玺为首组成专家组，负责起草修复计划。1949年春，鞍钢初步形成了修复设备、恢复生产的高潮。广大职工以空前高涨的劳动热情和主人翁精神，不计工时，不计报酬，投入修复生产设备的工作之中。4月5日，中板厂首先修复，恢复生产。4月20日，焊接钢管厂修复，投入生产。接着一初轧厂4座均热炉、初轧机、连轧机也修复告捷。6月7日，炼铁厂2号高炉比原计划提前一个月零三天修复，流出了第一炉铁水。到1949年6月，鞍钢提前完成了上半年的修复计划，全公司

20世纪50年代，苏联专家和鞍钢设计处的技术人员研究工程设计

已有2座矿山（弓长岭、樱桃园）、2座焦炉（7号、8号）、1座高炉（2号）、3座平炉、6个轧钢厂、2个金属制品厂和耐火材料厂恢复并投入生产。

1950年，由于解放战争在全国取得全面胜利，鞍钢的恢复建设规模进一步扩大，从1949年以恢复为主，转入边修复边生产及有计划的局部改建阶段。为将鞍钢早日建设成我国第一个现代化钢铁基地，中共中央还与苏联政府洽商，从1949年下半年起，陆续请来苏联专家，对鞍钢进行总体初步设计。同时，鞍钢抽调了500多名工程技术人员配合进行资源调查和资料收集工作。最终总目标是通过利用苏联的新技术，对鞍钢进行系统的改造，从而改变不合理的结构布局，扩大生产规模，基本上建成一个先进的大型钢铁联合企业。1951年10月，苏联完成了总体初步设计，计划在原有生产规模的基础上，从1953年到1960年，将基本完成48项主要工程的改建和扩建，包括3座铁矿、8个选矿、烧结厂、6座自动化高炉、3个炼钢厂、16个轧钢厂、10座炼焦炉以及2个耐火材料车间。

鞍钢建设的“三大工程”，是指大型轧钢厂、无缝钢管厂和7号高炉三项重点工程。这是鞍钢发展史上的一个里程碑，也是我国社会主义工业化建设的奠基工程。无缝钢管厂于1952年7月14日破土动工，设计年产6万吨，总投资5337.1万元。大型轧钢厂于

20 世纪 50 年代，鞍钢大型轧钢厂生产的大批钢轨

同年 8 月 1 日破土动工，设计年产 50 万吨，投资 10 471.5 万元。次年 2 月 27 日，7 号高炉开始炉基施工，有效容积为 918 立方米，同年 7 月 9 日进行炉体安装。

“三大工程”利用苏联设计并提供的成套设备，由我国自行组建安装，均为机械化、自动化程度较高的大型现代化工程，建设规模宏大，工程技术复杂。大型轧钢厂需安装机械和电气设备 2 万多吨，共埋设地脚螺丝 16 000 多个。仅其与无缝钢管厂两个工程，即需挖掘土方 13 万立方米，浇灌混凝土 10 万立方米。7 号高炉的部件达 2 000 多种，重万余吨，砌筑耐火砖数千吨。

由于大型轧钢厂、无缝钢管厂均是在原有厂房的基础上重建，因而首先需要进行爆破，清除旧基础，但又不能损坏旧基础上的房柱。无缝钢管厂工地爆破小队长周相臣在学习苏联爆破方法的基础上，创造了“小龟裂爆破法”和“空隙间断龟裂爆破法”，解决了破除旧基础和“托柱换基”的重大技术难题，大大缩短了施工工期。“托柱换基”后，由于有些房柱负荷不够，还必须“托梁换柱”，即把几百吨重的厂房钢架架起来，撤掉旧房柱，除掉旧基础，重新浇灌新基础。工地施工不久，就进入了冬季。为了抢时间、赶工期，职工们冒着天寒地冻，采取暖棚施工法、蓄热法和蒸汽、电气加热法，保证了冬季浇灌混凝土基础的施工质量，同时积累了丰富的冬季施工经验。

1953 年 10 月 27 日，无缝钢管厂建成，并生产出中国第一根无缝钢管，工期仅 1 年零 3 个月；11 月 30 日，大型轧钢厂建成投产，并轧出中国第一批大型圆钢，工期也是 1 年零 3 个月；12 月 19 日，全国最大的高炉——鞍钢炼铁厂 7 号高炉竣工投产，炼出第一炉铁水，安装工期仅用 5 个月。至此，鞍钢“三大工程”全部建成投产，

《人民画报》1954 年第二期封面图：鞍钢炼好的铁水自动流入铁罐

创造了新中国建设史上的奇迹。

鞍钢通过生产建设的实践，也培养和锻炼了新中国第一支钢铁工业建设管理与技术人才队伍。1960 年 3 月，《鞍山市委关于工业战线上的技术革新和技术革命运动开展情况的报告》对我国社会主义企业的管理工作作了科学总结，强调要实行民主管理，干部参加劳动，工人参加管理；改革不合理的规章制度；提出工人群众、领导干部和技术人员三者结合，即"两参一改三结合"的制度。毛泽东对于这套管理制度非常重视，将其称为"鞍钢宪法"。

通过"三大工程"建设，鞍钢初步完成了我国第一个钢铁工业基地的建设和改造，并迅速成为全国最大的钢铁生产基地，与后来的包头钢铁公司和武汉钢铁公司，形成我国大型钢铁基地"三足鼎立"的局面。同时，鞍钢也培养了一大批技术专家、管理干部和技术工人，并源源不断地输送到国家有关部门和各个兄弟企业，如包头钢铁公司和武汉钢铁公司的主要技术力量即由鞍钢负责培训和支援。鞍钢成为名副其实的新中国冶金工程师的摇篮。

2. 冶金专家——靳树梁

新中国的冶金工程开始了新的起步和发展，大批中国本土的工程师脱颖而出，著名冶金学家、炼铁专家、冶金教育家靳树梁就是其中的典范。

靳树梁（1899—1964），出生于河北省徐水县。他 9 岁随堂兄去河南读书，仅用 3 年半时间完成高小和中学的学习，13 岁考入河北公立工业专科学校应用化学科。通过学习，他认识到祖国地大物博，矿产丰富，应以先进技术开发宝藏，遂中途转学到天津北洋大学采冶系。

1919 年，靳树梁以优异成绩毕业，到汉口湛家矶扬子机器公司任化铁股（即高炉车间）助理工程师。当时该公司高炉尚未竣工，他被派往汉阳铁厂实习，他利用这个机会进一步学习了高炉结构和生产技术。扬子机器公司 100 吨高炉建成开炉后，靳树梁立即回厂工作。1924 年工厂易主，更名为六河沟煤矿公司扬子铁厂，靳树梁不忍舍弃冶炼事业，留厂维持高炉生产。他吃苦耐劳，勇于探索，努力钻研技术，逐渐成为炼铁能手。

1936 年，经当时钢铁界权威严恩棫推荐，靳树梁到南京国民政府经济部资源委员会工作，后被指派到德国考察。1937 年初靳树梁等一行 8 人到达德国，先在柏林工业大学学习德语，同时学习钢铁冶金学。5 月，靳树梁被分配到克虏伯公司保贝克钢铁厂炼铁车间实习，不久参加了德国人为中央钢铁厂设计的方案和图纸的审查。半年后，靳树梁又到克虏伯公司莱茵村钢铁厂实习。

卢沟桥事变后，靳树梁与严恩棫、王之玺、刘刚一起申请回国参加抗日战争。1938 年 3 月，他们启程回国，靳树梁被分配到由兵工署、资源委员会共同组织的钢铁厂迁建委员会，参加拆迁汉阳铁厂、大冶铁厂、六河沟铁厂等厂的设备到四川大渡口进行重建。

抗日战争初期，半壁江山沦陷，仅靠西南地区小规模的冶金生产厂，远不能满足战争的需要。当时拆迁到四川的是原六河沟铁厂的 100 吨高炉，由于当地炼铁原料产地分散、产量小、运输不便，短时期内无需重建 100 吨高炉。为应急决定先建一座 20 吨高炉。靳树梁在既无前人经验，又缺乏国外资料的情况下完成了设计。经过一年时间，该高炉于 1940 年 3 月 2 日正式开炉投产，较快为抗战提供了生铁。此外，靳树梁还为永荣铁厂设计了一座 5 吨高炉，为云南钢铁厂设计了一座 50 吨高炉，改造了威远铁厂的 15 吨高炉。1944 年 12 月，靳树梁发表了《小型炼铁炉之设计》一文，这是中国第一篇较详细地总结小型高炉设计的专业论文。

1939 年 10 月，靳树梁被调到云南钢铁厂任工程师兼化铁股（即高炉车间）股长，在此他完成了 50 吨高炉的设计工作。1940 年 12 月，资源委员会接办威远铁厂，调靳树梁任厂长。威远铁厂位于边远山区，濒临倒闭。靳树梁到任后，一方面，修筑公路，改善厂内外运输，另一方面，购置材料，开采矿石，改造和修复高炉，兴建厂房，积极准备开炉工作。1942 年 12 月 25 日，高炉正式开炉，在靳树梁的认真操作下，威远铁厂的炼铁生产指标一直高居当时同类型高炉之上。

抗日战争胜利后，资源委员会调靳树梁到东北接收日伪钢铁厂，1946 年 5 月，靳树梁又被调到鞍山参加接收昭和制铁所等工厂并组建鞍山钢铁公司，任鞍山钢铁公司第一协理。1947 年底，解放军围攻鞍山，厂内秩序紊乱，总经理逃入关内。靳树梁与其他协理多次筹划保厂措施，有效地领导了鞍钢警卫队的护厂工作，使设备、图纸、资料等能较完好地保存下来，为解放后迅速恢复生产做出了贡献。

1949 年上半年，靳树梁任本溪煤铁公司总工程师。当时解放战争正在进行，恢复生产、支援战争是当务之急，要求尽快修复高炉。靳树梁克服了大量技术难题，主持修复了 2 号高炉。1949 年 6 月 30 日，本钢 2 号高炉正式点火，为新中国流出了第一炉铁水。

20 世纪 50 年代以前，高炉冶炼强度低，风口前的焦炭层不活跃，炉料都从风口前燃烧区逐步下降，形似漏斗下料。50 年代以后，高炉冶炼强度增高，靳树梁认为："高炉风口区炉料运动是高炉全部炉料运动的先导，是决定炉内煤气行为的重要因素。适当调整其内部关系是强化高炉冶炼的关键，也是高炉顺行的基础，必须研究清楚。"于是，他怀着强烈的责任心和紧迫感，精心地进行了"高炉风口区降料理论"的研究。从 1957 年起，他用近 4 年的时间完成了这一创新课题。

1949 年 1 月，东北大学解散，以老东北大学工学院和理学院（部分）为基础的沈阳工学院诞生。1950 年 8 月，沈阳工学院更名为东北工学院，隶属国家冶金工业部。靳树梁被任命为东北工学院第一任院长。经过十多年的努力，他把东北工学院建成为一座规模宏大的冶金类大学。靳树梁担任东北工学院院长 14 载，他主张冶金高等院校应培养善于创新、能独立解决科学技术问题、忠诚地为共产主义奋斗的人才。为此，他非常重视理论联系实际，学以致用。

他亲自主持修订教育计划，增加了认识实习、生产实习、课程设计、毕业设计等实践性教学环节。

靳树梁提倡厂校合作，教学、科研、生产三结合，要求各系和厂矿建立密切的合作关系，厂矿工程技术人员到学校做兼职教师，作专题报告，学校教师深入工厂熟悉生产实际，帮助解决技术问题。由于靳树梁的提倡和身体力行，厂校合作迅速开展，至1954年10月，东北工学院就有炼铁、炼钢、钢铁压力加工等9个教研室，与鞍山钢铁公司所属10个厂矿签订了合作合同。

1955年，靳树梁当选为中国科学院技术科学部学部委员（院士），曾任中国科学院东北分院副院长、中国金属学会副理事长、辽宁省科学技术协会主席等职。1964年7月5日，靳树梁在沈阳逝世。

3. 工人工程师——孟泰

鞍钢活跃着一批工人出身的工程师，孟泰就是其中的典范。孟泰（1898—1967），生于河北省丰润县一个贫苦农民家庭。1917年，已经19岁的孟泰，在抚顺机车修理场干了10年铆工，练就了娴熟的技术。1927年初，他痛打欺侮自己的日本工头后连夜逃到鞍山，后经好友介绍考入鞍山制铁所做配管工。

1948年2月，鞍山解放。为避免战争破坏，鞍山钢铁厂组织一批政治可靠、有技术专长的工人向后方根据地抢运器材，孟泰就是其中一员。他带着全家随一批解放军干部辗转到达通化，在那里因抢修2座小型高炉立了一功。

1948年11月2日，东北全境解放，孟泰被调回鞍钢。他回到炼铁厂修理厂后，把日伪时期遗留下来的几个废铁堆翻了个遍，回收各种管件4 000多件，除垢后修复成能用的管件，建成了当时著名的“孟泰仓库”。修复炼铁厂2号高炉时，工人们所用的管件大部分取自“孟泰仓库”。中共鞍山市委和鞍钢公司以孟泰为榜样，发起了一场大规模的交器材运动，鼓励这种艰苦奋斗的精神。

孟泰几十年与高炉循环水打交道，积累了丰富的工作经验，创

1964 年，孟泰（右）和他的
徒弟们

1958 年，全国劳动模范王崇伦（右一）在工厂做技术指导

造了“眼睛要看到，耳朵要听到，手要摸到，水要掂到”的维护操作法。只要把手伸到流淌的循环水水流中，他便可准确地判断出水的温度、压力及管路流通的状况。凡是高炉循环水出故障，他都能手到病除，同行们送他一个绰号“高炉神仙”。1959 年，铁厂因冷却水水量不足影响高炉正常生产，孟泰连续半个多月炉上炉下转了多次，经过反复思考，他提出将高炉循环水管路由并联式改为串联式方案。厂里组织各方面人员进行联合攻关施工，改造后铁厂高炉循环水节约总量达 1/3，每年可节约费用 23 万元，且保证了正常生产。

这时，孟泰已与名扬全国的技术革新能手王崇伦结成一对忘年交。鞍钢在孟泰、王崇伦的带动下，形成了一支以各级先进模范人物为骨干的 1 500 多人的技术革新队伍。20 世纪 60 年代初，苏联停止对我国供应大型轧辊，致使鞍钢面临停产的威胁。孟泰、王崇伦迅速动员和组织了 500 多名技协积极分子开展了从炼铁、炼钢到铸钢的一条龙厂际协作联合技术攻关，先后解决了十几项技术难题，终于自制成功大型轧辊，填补了我国冶金史上的空白。此项重大技术攻关的告捷，在全国冶金战线轰动一时，被誉为“鞍钢谱写的一曲自力更生的凯歌”。

多年来，孟泰自己设计和制造的双层循环水设备，使热风炉燃烧筒寿命提高 100 倍；试制成功的瓦斯灰防尘罩，既减少了环境污染，又增加了企业的经济效益；组织提高更换高炉风口、铁口速度的技术攻关，刷新了铁厂生产的历史纪录。为了表彰孟泰在技术革新中的特殊贡献，1960 年 5 月，孟泰由副技师被破格晋升为工程师。

1967 年 9 月 30 日，孟泰病逝，终年 69 岁。1986 年 4 月 30 日，鞍钢公司隆重举行孟泰塑像揭幕仪式，塑像基座上镌刻着时任中共中央总书记胡耀邦的题词：“孟泰精神永放光芒”。

4. 冶金工程专家——邵象华

邵象华（1913—2012），生于浙江杭州，从小因成绩优异，读小学和中学时多次跳级，大学毕业时年仅19岁。1932年，邵象华从浙江大学化工系毕业后到上海交通大学任教，1934年，考取第二届中英庚子赔款公费留学，同年入英国伦敦大学帝国理工学院学习冶金，1936年，获伦敦大学一级荣誉冶金学士。之后，邵象华又攻读硕士学位，在导师卡本特爵士的指导下，从事钢表面渗氮硬化机理的研究，1937年，获冶金硕士学位，同时荣获马瑟科学奖金，先后被授予英国皇家矿学院会员学衔和帝国理工学院奖状。

毕业后，邵象华受到资源委员会主任翁文灏召见，后者动员他回国参加中央钢铁厂的建设。素有工业救国思想的邵象华认为这是报效祖国的好机会，当即接受了邀请。他奉命考察了西欧几个国家的钢铁工业之后，按计划到德国克虏伯钢铁公司炼钢厂及研究所实习与进修。因抗战爆发，1938年资源委员会宣布中央钢铁厂缓办，他被暂时分配到该会的中央机器厂负责建立理化实验室和耐火材料车间。

1939年夏，邵象华应聘到正在筹建矿冶系的武汉大学（当时校址在四川乐山）任冶金学教授。1941年，资源委员会调派他到四川綦江电化冶炼厂筹办炼钢厂并任厂长。当时西南大后方仅有几座小电炉和结构比较简单的10吨平炉，小型空气转炉也刚由杨树棠等试验成功。邵象华分析了当时炼钢设备的现状和四川省以至全国铁矿资源中杂质（主要是磷）含量和分布状况，参照西方发达国家钢铁工业发展的历史，认为不论是为解决当时当地的需要，还是为战后做准备，都有大力发展碱性平炉炼钢的必要。

当时，国内已有的几座平炉基本是以20世纪初外国厂商在中国用过的设备稍加修改而建成的，生产效率低，事故也多。邵象华应用国外当时已发展起来的冶金炉热工和空气动力学原理，对包括煤气发生炉、炉体各部、烟道以至烟囱等整个系统进行了详细计算，在有科学依据的前提下做出了新型平炉设计。限于当时条件，在设计中仍不得不采取一些因地制宜的代用措施。最终建成的平炉，容量只有 15 吨，但这已是除沦陷区外的全国最大平炉。1944 年底，该平炉以当地的土法生铁为原料投入生产。

通过上述艰难条件下的建设与生产实践，邵象华和他所领导的一批年轻技术人员得到了极大锻炼。1945 年，邵象华、靳树梁等人被派赴东北接收钢铁企业。1947 年，邵象华被任命为鞍山钢铁公司协理兼制钢所所长。1948 年，鞍山解放，邵象华等 6 名原协理和 30 余名技术人员留在鞍山，参加了接管鞍山钢铁有限公司的工作。在新诞生的鞍山钢铁公司中，邵象华担任总工程师，并先后兼任炼钢厂生产技术副厂长和公司技术处处长。

1950 年，鞍钢在苏联专家协助下，建立现代化企业组织管理制度。邵象华作为技术处处长，负责制订公司各个基本生产工序的技术操作规程、各种产品检验标准和技术措施等，这些都是鞍钢这座大型联合企业步入正常运转的必要基础。为帮助转业到鞍钢的部分领导干部尽快熟悉钢铁冶金，邵象华曾为他们较系统地讲授技术课。为适应当时广大技术干部和技术工人的需要，他专门编写了一本《钢铁冶金学》，这是新中国最早出版的一部钢铁中级技术专著。他在技术期刊《鞍钢》上发表了许多针对工作需要的专业技术论文，组织炼钢厂技术人员共同翻译了美国 AIME 出版的权威名著《碱性平炉炼钢》，接着又单独翻译了苏联专家的著作《钢冶金学》，这本书后来成为冶金类高等学校的教材。

1958 年秋，邵象华被调到冶金部钢铁研究院（1979 年改为钢铁研究总院），先后担任炼钢及冶金物理化学研究室主任、院副总工程师、学术委员会副主任、学位评定委员会主席及技术顾问等职。他先后开发了超低碳不锈钢、含稀土和铌的钢种及新型合金的生产工艺，创立了从废钢渣和铁水中提取铌的独特工艺，开发了用氧气转炉冶炼中碳铁合金、转炉炼钢底吹煤氧等多项重大工艺，并开展了有关的应用基础研究。

2012 年 3 月 21 日，著名冶金学家、冶金工程专家、中国科学院院士邵象华因病在北京逝世，享年 99 岁。

三、新中国的机械制造工程师

1. 万吨水压机——新中国机械工业起步的标志

水压机是液压机的一个分支，可分为自由锻造水压机和模锻水压机两种。其中，自由锻造水压机主要用自由锻方式，来锻造大型高强度部件，如船用曲轴、重达百吨的合金钢轧辊等。模锻水压机则用坯料在近似封闭的模具中实现胚料的锻压成型，主要用来制造一些强度高、形状复杂、尺寸精度高的零件，如飞机起落架、发动机叶片等航空零件。锻造液压机不仅是金属成型的一种方法，同时也是锻合金属内部缺陷、改变金属内部流线、提高金属机械性能的重要手段。

自 1893 年世界第一台万吨级（1.26 万吨）自由锻造水压机在美国建成以来，万吨级液压机作为大型高强度零件锻造核心装备的地位，就一直没有被动摇过。随着近代工业技术的发展和两次世界大战的推动，大型液压机更是成为各工业化国家竞相发展航空、船舶、重型机械、军工制造等产业的关键设备。到第二次世界大战结束前，苏联已经拥有 4 台超过万吨的大型水压机，美国更是超过 10 台，重型锻压设备已成为一个国家工业实力的象征。

新中国成立以后，重工业和国防工业体系建设开始加速，这些领域都急需大型锻压设备。1953 年，沈阳重型机器厂首先将日本赔偿、散存在鞍山的 2 000 吨自由锻水压机修复并安装投产，成为我国第一家能够生产大型锻件的企业，后来也成为我国自行设计制造锻造水压机的第一家企业。

1953 年至 1957 年，我国先后从苏联和东欧进口自由锻造水压机约 8 台，其中最大的有 6 000 吨，并派出一批工人、技术人员和管理干部到苏联乌拉尔重机厂、新克拉马托重机厂学习大型自由锻件的生产工艺和管理经验。国内最早建立起来的一批专业重机制造厂，依靠苏联的技术资料，仿制出 10 台 2 500 吨自由锻造水压机。但是，6 000 吨级以上的大型水压机依然稀缺，大锻件仍需进口。

1958 年 8 月，我国正式开始研制两台 1.2 万吨级水压机，其中一台安装在第一重型机器厂，以沈阳重型机器厂和第一重型机器厂为主设计制造，由二机部副部长刘鼎负责组织实施；另一台安装在上海重型机器厂，以江南造船厂为主设计制造，由煤炭工业部副部长沈鸿负责组织实施。

当时，东北地区机械制造力量相对较为雄厚，为进一步积累经验，负责建造的工程师们先试制出一台 2 000 吨水压机。经过一年多的设计与试验，确定采用 3 缸 4 柱铸钢件组合梁结构，由沈阳重型机器厂铸造出上中下 3 个横梁等 10 个大型铸钢件，然后用机械方法组合起来。底座中侧部的铸钢件最大，重达 95 吨，第一次采用 4 包钢水（总计 145 吨）合浇而成。这种工艺方法，在中国铸锻工艺史上是一个创举。

这台万吨水压机于 1962 年制造成功，由于厂房没有及时建成，直到 1964 年 12 月才在第一重型机器厂正式投入使用。2002 年 2 月，在锻造 30 万千瓦低压转子时，一根立柱发生裂断。利用这一契机，第一重型机器厂决定投资 1.5 亿元，新建一台当时世界最大的 1.5 万吨自由锻造水压机，并于 2006 年 12 月 30 日建成投产。

与此同时，上海也成立了设计班子，由沈鸿任总设计师，林宗棠任副总设计师，徐希文任技术组长。以江南造船厂为主，上海重型机器厂等几十个工厂参与协作。设计班子中，除了沈鸿于 1954 年在苏联乌拉尔重型机器厂见过万吨级水压机外，多数设计人员甚至从未见过水压机。沈鸿领着设计组人员，跑遍了全国各地的中小型水压机车间，并搜集了大量关于水压机的图书资料及技术情报。在反复制作纸模型、铁皮模型、橡皮泥模型之后，他们在模型试验的基础上开始绘制图纸，仅总图就绘制了 15 次，各个零部件绘制了大小 10 000 余张图纸，仅这些图纸就重达 1.5 吨。为保证试制成功，沈鸿还提议以 1:10 的比例，先造一台 1 200 吨的样机进行模拟试验，作为正式生产的准备。

万吨水压机的制造难点在于，所需的关键零部件体积大、精度高、制造困难。根据当时上海的实际建造条件，设计组最终决定采用三梁六缸四立柱锻焊结构，主机重 2 200 多吨，地面部分高 23.65 米，基础深入地下 40 米，共有 46 000 多个零件。为了降低制造难度，设计人员采用 6 个工作缸代替一个大主缸。同时，在使用的时候可以通过调整工作缸数量，分别产生 4 000 吨、8 000 吨和 12 000 吨的压力，如此既可根据要求使用不同的压力一次锻造，又可以采取递增压力进行锻造，使锻造出的工件均匀、密实。

1959 年 2 月 14 日，江南造船厂举行了万吨水压机开工典礼。研制小组首先要解决的问题是如何制成特大型铸钢件，为此他们尝试使用国外的“电渣焊”新技术进行整体焊接。为了安全起见，他们先造了一台 120 吨的样机进行试验，经过一段时间的摸索，最终在 1 200 吨样机上同样测试成功。这一工艺改革，不仅使万吨水压机横梁总重量从原来的 1 150 吨减轻到 570 吨，同时使机械加工和装配的工作量也减少了一半以上。

特大型部件在运输及加工中也遇到了种种难题，技术人员经过反复试验，采用木滑板涂牛油的方式简化运输；特制两只 6 米高的翻身架，使得 300 吨重的庞然大物可以自如转动；新建特大型炉子，用于高温热处理；将 5 台移动铣床直接搬上横梁，用 53 个刀盘同时铣削，并采用 4 根简易镗排同时加工，以减少误差，攻克金属切削关；采用 8 节锰钒铸钢件以“竹节式”焊接成 18 米高的大立柱，解决无法整体铸造的难题。

1961 年 12 月 13 日，万吨水压机的所有零部件加工完毕，上海重型机械厂用两部重型行车将横梁吊装进 4 根立柱内，只用了 2 个月时间就完成总装。在上海交通大学和第一机械工业部所属的机械科学研究院等单位协助下，研制人员进行了应力测定试验和超负荷试验，确认水压机可以承担 12 800 吨满负荷正常运转。

1962 年 6 月 22 日，经过 4 年的努力，江南造船厂自制的 1.2 万吨自由锻造水压机终于在上海重型机器厂试车成功，并投入试生产。它能够锻造几十吨重的高级合金钢锭和 300 吨重的普通钢锭，标志着我国重型机械的制造进入了一个新的历史阶段。

1990 年，万吨水压机在上海重型机器厂服役了近半个世纪后，由于部件老化，工厂对其进行了大修，至 1992 年 7 月 2 日改造工程完工。维修人员对 40 余个超大型主辅机部件进行维修改造，使用修补焊条十余吨，重新更换了活动横梁，恢复了万吨水压机的原设计能力。2003 年锻件年产量超过了 1 万吨，并承担起锻压船用曲轴的任务。2004 年底，上海重机厂为适应市场发展，决定再建造一台世界最大的 1.65 万吨自由锻造油压机，并委托中国重型机械研究院等单位负责结构设计，由上海重型机器厂自行建造，于 2009 年 6 月建成投产，这是中国重型装备的又一个突破。

2. 中国第一代汽车制造工程师

新中国成立初期，全国汽车数量只有约 10 万辆，汽车制造工业基础较为薄弱。1950 年 3 月 27 日，汽车工业筹备组成立，聘请了三位来华的苏联专家，以及数位留学归国人才，开始调查国内的汽车修配业，并在一些城市做踏勘，着手汽车制造厂的选址工作。

1953 年 7 月 15 日，在长春市西郊，一个代号为 652 的工厂，即中国第一汽车制造厂，举行了奠基典礼。经过 3 年的基础建设，共完成建筑面积 70 多万平方米，铺设各种管道 8 万多米、电缆 4 万多米，安装设备 7 000 余台，制造工装 2 万多套，中国第一个汽车制造厂初具规模。1956 年 7 月 13 日，第一辆以苏联莫斯科斯大林汽车厂出产的吉斯 -150 型载重汽车为蓝本制造的解放牌 CA10 四吨载货汽车诞生，从此结束了中国不能制造汽车的历史。这是一汽汽车生产的起点，也是中国汽车工业发展的

2012 年 5 月 30 日，长春市红旗文化展馆展出的“东风”轿车

1956年7月13日，第一汽车制造厂生产的第一批解放牌汽车出厂时的影像

起点。

1958年5月5日，中国第一辆自己设计制造的轿车——“东风CA-71”试制成功，揭开了我国民族轿车工业的历史篇章。虽然该车型在设计最初仍以仿造为主，但样车还是保留了不少民族风格。该车为流线型车身，上部银灰色，下部紫红色，6座，装有冷热风，车灯是具有民族风格的宫灯，发动机罩前上方有一个小金龙装饰，最高车速可达128千米。1958年8月，影响中国半个世纪的自主品牌轿车——“红旗”牌轿车诞生，成为我国第一款量产轿车。

经过五十多年的发展，一汽的企业面貌发生了翻天覆地的变化。从生产单一的中型卡车，发展成为中、重、轻、微、轿、客多品种、宽系列、全方位的产品系列格局；产量从当初设计的年产3万辆，发展成为百万量级企业；企业结构基本实现了从工厂体制向公司体制的转变；资本结构实现了从国有独资向多元化经营的转变；经营市场实现了从单一国内市场经营向国内、国外两个市场经营的转变。如今，一汽逐步建成东北、华北、西南三大基地，形成了立足东北、辐射全国、面向海外的开放式发展格局，已成为中国

1957 年 6 月 25 日，第一汽车制造厂的 4000 辆汽车的最后一批汽车已装配起来

最大的汽车企业集团之一。

中国的第一代汽车制造工程师也在这一过程中起步和发展。张德庆、饶斌、孟少农等专家就是其中杰出的代表。

（1）张德庆

张德庆（1900—1977），汽车专家，上海人。1933 年毕业于国立交通大学机械工程系，获学士学位。1936 年至 1939 年赴美国、德国留学和实习，毕业于美国普渡大学，获硕士学位。1952 年任重工部汽车工业筹备组汽车实验室主任、第一机械工业部汽车拖拉机研究所所长、长春汽车研究所所长。参与了中国汽车工业的初创，领导创建了中国第一个汽车科研机构，积极支援第一汽车制造厂的建设，重视规划和标准化工作，重视产品开发和发展柴油机，结合国情，潜心研究汽车代用燃料，主持研制“代用机油”，主持领导了液化石油气、天然气（主要是甲烷）作汽车燃料的研究。

（2）饶斌

饶斌（1913—1987），吉林省吉林市人，中国汽车工业的创始人之一。他成功领导建成了两座大型汽车厂——一汽和二汽。带领一汽的第一代创业者，用 3 年的时间，高速度、高质量建成中国第一座汽车制造厂，结束中国不能生产汽车的历史。在任一机部部长期间，主持并推进了汽车工业的技术引进、中外合资经营，提出了汽车工业调整改组和发展规划方案，加速产品换型，结束了汽车产品几十年一贯制的局面。退居二线后，仍然为推进中国汽车工业的改革和发展，深入基层，实地考察，调查研究，直到生命的最后一刻。

（3）孟少农

孟少农（1915—1988），汽车专家，湖南桃源人。1940 年毕业于西南联大机械系，后获美国麻省理工学院硕士学位，曾任美国福特汽车公司工程师。1946 年回国，在清华大学机械系任副教授、教授，创办了汽车专业。新中国成立后，在一汽主持和组织引进苏联技术和消化吸收及人员培训，为解放牌汽车性能改进和质量提高，为一汽新产品的开发，特别是为军用越野车的研制，为“东风”“红旗”高级轿车的开发做出了贡献。在二汽，以渊博的知识和丰富的经验，大胆决策，攻克了产品质量、产品滞销和工厂组建三大难题，总结出世界汽车工业发展的许多共性规律，为中国汽车工业发展方向提出许多精辟的见解，对中央决策起了重要的作用。

3. 新中国造船工业的发展

新中国成立之初，由于工业基础薄弱，我国造船工业几乎是空白。它的起步是从修旧利废、改造旧船开始的。20 世纪 50 年代，造船工程师和工人开始改造“江新”“江华”等 20 世纪初期建造的行驶在长江中下游的货船。1954 年，我国设计建造了从上海到重庆航段的客货船“民众号”，载客 936 人，载货 500 吨。该船的设计师为我国著名造船专家张文治，他在设计中首次采用了我国自主设计的电动液压舵机。

1955 年，我国的海洋船舶设计建造也有了进展，当年建成了自行设计的沿海小港货船“民主10号”，1956年该船投入大连到天津之间的航线运输中。由于当时的天津港在海河上，要保证在海河上掉头，船的长度只能有80米。该船由上海船舶产品设计处第二产品设计室设计，这个设计室就是今天中国船舶与海洋工程研究设计院（简称708所）的前身。1958年建成的航行于上海和青岛之间的蒸汽机客货船“民主14号”,1960年建成的柴油机客货船“民主18号”等也都是由这个设计室设计的。在货轮的设计和建造上，我国的造船业也开始了跃进式发展。大连造船厂和上海江南船厂分别设计和建造了载货量都是5 000吨的“和平25号”和“和平28号”蒸汽机货船，两船同时出海试航，成为当时轰动国内的大事。

建造万吨轮一直是中国造船工程师的梦想。1958年，采用成套苏联图纸和设备的万吨级远洋货轮“跃进号”在大连下水，该船的设计、钢材以及主要机电设备均引进自苏联，大连造船厂的工人和工程师为之付出了巨大的努力。结果，1963年5月，“跃进号”在首次航行中触礁沉没，令全国人民感到震惊和痛心。此后，自行设计、建造万吨轮的计划被列为当时国家科学发展十年规划重点项目之一。这一任务仍落在了第二产品设计室肩上。当时,正是我国“大跃进”时期，为了完成任务，设计人员每天工作十五六个小时，他们仅用了3个半月就拿出了施工设计图纸，比之前5 000吨级货船的设计周期缩短了3/4以上，创造了设计大型船舶用时最短的纪录。

1960年，由中国自行设计、计划全部采用国产设备的首艘万吨级远洋货轮“东风号”在江南造船厂开工。江南造船厂虽然早在1921年就成功地为美国建造了“官府号”“天朝号”“东方号”和“震旦号”等4艘万吨轮，但是，承建国内自主品牌的万吨轮却还是头一回。据统计，他们围绕万吨轮生产技术关键，共实现了300多项重大技术革新，改进工艺和设计180余项，工厂机械化程度从1959年的37.9%提高到了97.8%。这些技术革新项目的实现，为万吨轮顺利下水创造了良好条件。1960年4月15日，万吨轮下水，它被正式命名为“东风号”。从严格意义上来说，虽然“东风”轮还只是一个船壳，但船体的建造速度也同样令人吃惊，这艘船从开工投料到下水，仅用了 88 天。

“东风”轮下水后，开始了其长达 5 年多漫长的“内部建造”过程。在此期间，虽然试制与安装工作几经陷入停滞状态，但是得到了来自全国各地的大力支持。设计建造国产万吨轮的核心配套设备被列为国家第二个五年计划的重点工作。于是，由一机部和交通部联合组织的涉及设计、科研、工厂、航运等部门，开始了一场从规划、调研、协调到研制的联合行动。

柴油机是船舶的“心脏”。自宣布建造国产万吨轮以来，一机部九局产品设计四室、沪东造船厂、上海船舶修造厂、上海交通大学、新中动力机厂等 5 家单位就开始合作进行设计和技术攻关，历时 48 天就完成了图纸设计。设计完成后，分别由沪东造船厂、上海船舶修造厂和新中动力厂三家单位同时投入生产，并最终选定由沪东造船厂进行试制。经过技术人员的不断修正、改进，反复试验分析及整机调试，研制人员克服了许多意想不到的困难，1965 年 6 月，8 820 匹柴油机及所属辅机和设备的性能，经相关专家评估已基本满足设计要求，可以正式安装到“东风”轮上。这不仅填补了中国船用柴油机的空白，也为后来国产机的研制和国际先进船用重型低速柴油机的引进生产打下了坚实的基础。

电罗经又称陀螺罗经，它能自动、连续地提供船舶航向信号，并通过航向发送装置将航向信号传递到所需的各个部位，是船上必不可少的精密导航设备，涉及技术门类众多，制造难度非常大。一机部早在 1958 年就安排了当时最具实力的四局 119 厂进行试制，1960 年初又改在了上海航海仪器厂。由于 119 厂的大力支持以及 3 名苏联专家的帮助，试制工作开展得相当顺利。在苏联专家的指导下，技术科室专门成立了设计、工艺、加工以及翻译 4 个职能部门，并抽调厂内所有大学生、业务骨干及青年技术人员参与到试制工作中，使参加试制工作的人员迅速扩大到 1 000 人。然而，不久由于中苏关系紧张，苏联就撤走了全部专家，我国自己的工程技术人员从收集整理资料开始，重新研究，经历了无数次失败才最终成功。

应用到“东风”轮上的“第一”远不止低速重型柴油机和电罗

经两个重要设备。据统计，参与安装研发“东风”轮船上辅机、仪表仪器等配套设备的协作单位涉及全国 18 个部委、16 个省市以及所属的 291 个工厂和院校。这些协作单位为“东风”轮提供了多达 2 600 项设备和器材，其中新试制船用产品达 40 余项。

1965 年 12 月 31 日，“东风”轮正式宣布竣工交船。建成后的“东风”轮，总长 161.4 米，型宽 20.2 米，型深 12.4 米，能连续航行 40 个昼夜，船上的重型柴油机使全船的发电量可供一个 10 万人的小型城市照明一天使用。继“东风”轮之后，大连、天津、广州等地也都纷纷上马，开始批量建造我国万吨级远洋货轮，我国造船工业由此开始了新的征程。

4. 新中国航空工业的发展

（1）我国制造的第一架喷气式歼击机——“歼 5”

1951 年 6 月 29 日，担负飞机修理任务的沈阳飞机制造公司（简称 112 厂）在抗美援朝的烽火中诞生。1952 年 7 月 31 日，为了贯彻中央关于航空工业从修理发展到制造的方针，政务院[1]会议决定将 112 厂扩建为喷气式飞机制造厂。

中国人民革命军事博物馆展出的“歼 –5”歼击机（摄于 2007 年）

1956 年 7 月 19 日，我国第一架喷气式飞机成功地飞上了祖国的万里蓝天。试验证明，该飞机在最大速度和最大高度时，特种设备、发动机等的各项性能、数据全部达到试飞大纲要求。9 月 8 日，国家验收委员会在 112 厂举行了验收签字仪式，并命名该机为“56 式机”（该机后来又按系列命名为“歼 5”）。

“歼 5”飞机的试制成功，掀开了我国航空工业发展史上崭新

1　中央人民政府政务院是 1949 年 10 月 1 日中华人民共和国建立至 1954 年 9 月 15 日第一届全国人民代表大会召开前中国国家政务的最高执行机构。

1935 年徐舜寿（后排左三）在清华大学

的一页，表明我国已经开始掌握喷气式飞机的制造技术，标志着 112 厂已经完成了由修理走向制造的历史使命，从此向掌握新型飞机制造技术、组织正规成批生产，进而向自行设计制造的道路前进。

（2）新中国航空工程师先驱

1956 年 9 月初，我国第一个飞机设计室在 112 厂正式成立，在这里工作的技术人员成为了新中国航空工程师的先驱。

徐舜寿（1917—1968），浙江省吴兴县人，1937 年以优异的成绩毕业于清华大学机械系，后考取中央大学机械特别研究班进修航空技术，毕业后任成都航空研究院助理研究员。1944 年 8 月，他被录取为公费留美实习生，赴美国韦德尔公司学习塑料零件制造。半年后转麦道飞机公司任雇员，参与 FD-1、FD-2 飞机的设计工作。1946 年初又考入华盛顿大学主攻力学，同年 8 月回国，在南京国民政府空军第二飞机制造厂从事空气动力研究和飞机设计，担任中运 2 号飞机的总体设计和性能计算工作，并被破格提拔为研究课长。1949 年春，他毅然举家辗转来到已经和平解放的北平。此后历任中国人民解放军东北航空学校机务处设计师，华东军区航空工程研究室飞机组副组长，第二机械工业部航空工业局飞机科科长、总工艺师等职。

黄志千（1914—1965），江苏省淮阴县人，1937 年毕业于上海交通大学机械系，毕业后他怀着抗日救国的梦想加入了南京国民政府空军，在航空机械学校受训。1938 年 4 月毕业后，辗转于云南垒允、昆明，缅甸八莫，以及四川新津等飞机制造厂，负责并参加了国外战斗机的修理及机场服务工作。1943 年 10 月赴美国康维尔飞机制造公司任雇员，参加了 B-24 轰炸机的设计、制造和 240 型双发运输机——“空中行宫”的应力分析工作。1945 年 8 月进入密歇根大学航空研究院攻读力学。1946 年 9 月转赴英国参加设计工作，在此期间黄志千认真研究了英国先进的“流星”战斗机和 E-144 喷气式战斗机的技术资料，直接参加了机身后段的结构设计。

1949 年 6 月黄志千回国，先是在华东军区航空工程研究室负责新中国成立初期航空工业建厂计划的草拟工作，不久调任沈阳飞机制造厂设计科代理科长，负责抗美援朝作战飞机 МИГ-9 和 МИГ-15 的修理工作。1954 年 9 月，他受任航空工业局第一技术科设计组组长，参与具体组织、领导和管理各飞机制造厂的设计工作。1956 年初，作为航空工业专家，他参加了我国科学技术 12 年发展规划的制定。

（3）第一架教练机的研制

112 厂的飞机设计室成立后，经过走访和了解空军的现实需求，设计室主任徐舜寿提出设计一种亚音速喷气式歼击教练机，以培养中国自己的设计队伍。经过反复斟酌，飞机设计室决定为其取名为“歼教 -1”，即歼击教练机 1 型（又称 101 号机）。

几个月后，飞机设计室拿出了歼教 -1 设计方案，并于 1957 年 1 月 4 日正式向国家航空工业局呈报，很快得到批准。飞机设计室随即展开了“歼教 -1”飞机的草图设计，我国首次自行设计喷气式教练机的工程正式启动。尽管当时 112 厂已经仿制成功苏联设计的歼击机，同时也掌握了制造喷气式飞机的技术，但仿制毕竟不同于自行设计。自行设计飞机必须首先经过设计定型阶段，而设计定型是一个极为复杂的过程，其试飞试验周期也很长。通常新设计的第一架飞机首飞成功后，飞机设计部门还得做总设计工作量的 50% ~ 70% 的后续工作，才能进入批量生产。当时，苏联飞机设计的成功率约为 48%，美国飞机设计的成功率才约为 42%。

在设计歼教1的具体方案时，设计师们没有沿袭苏式飞机现成的传统机头气动布局，而是大胆突破，决定选用当时只有美国和英国掌握的两侧进气方式设计方案，安装的发动机也是由沈阳黎明发动机厂研制的离心式涡轮喷气发动机——“喷发1A”。这种设计方案最大的优势是，可以让出机头部位的全部空间，用于安装机载雷达，而先进的机载雷达对于现代化作战飞机来说至关重要。虽然教练机不必安装复杂的机载雷达设备，但如能掌握这种两侧进气设计技术，可以为将来设计高性能的歼击机打下良好的基础。为保证试制成功，设计人员先做了一个两侧进气的低速飞机模型，由副总设计师黄志千亲自到哈军工[1]进行了两个多月的风洞试验，终于取得了满意的结果，解除了担心出现气道喘振的困扰。

1957年12月，飞机设计室开始设计“歼教–1”的生产图纸。1958年3月，生产图纸设计完成，加上前期准备，整个设计周期仅530天。1958年4月，国家军工产品鉴定委员会正式批准研制“歼教–1”飞机，并计划在1959年实现首飞，但在全国“大跃进”高潮的鼓舞下，首飞时间又被提前到1958年，作为标志性成果向国庆节献礼。

为了缩短研制周期，飞机工厂的工艺部门突破常规，在设计绘制飞机生产图纸的同时，就同步开始工艺性审查和工艺装备设计工作，以随时发现和解决生产图纸和生产工艺之间出现的新问题。在接到生产图纸后，工厂组成生产突击队，仅用148天就完成了飞机的制造任务。1958年7月23日，第一架“歼教–1”飞机顺利完成总装下线，创造了新型喷气式飞机生产用时最短的纪录。

1958年7月26日，新中国自行设计制造的第一架喷气式教练机首飞成功。“歼教–1”飞机不仅开创了中国独立自主研制喷气式飞机的先河，更为新中国造就了一大批飞机设计专家和航空工业精英，见证了我国航空工业向世界水平迈进的历程。

1 哈军工全称中国人民解放军军事工程学院，因校址在哈尔滨，简称哈军工。

四、新中国的电机工程师

1. 电气工程的开拓者

与土木、纺织等传统工程技术相比，中国近代的机械和电气工程技术一直比较落后，处于模仿和追赶之中。1875 年，法国巴黎建成第一家发电厂，标志着世界电力时代的来临。1879 年，中国上海公共租界点亮了第一盏电灯。1882 年，由英国商人在上海创办了中国第一家公用电业公司——上海电气公司。1904 年，比利时商人与北洋军阀在天津签约成立了电车电灯公司。1906 年，开启了中国交流电的历史。第一次世界大战期间，欧美国家忙于战事，无暇东顾，中国电气工业得以发展，并迅速崛起了一批民族电工制造企业。

1914 年，无锡人钱镛森在上海闸北开办中国第一家电器铺，称为钱镛记电器铺（后改为钱镛记电业机械厂）。开始仅仅是修理，或收购小型电动机、电风扇和小电器翻修后出售。1916 年，上海裕康洋行司账（即会计）杨济川等人集资在上海虹口创办了华生电器厂，生产电风扇、电表、开关和变压器，并于次年成功研制出中国第一台直流发电机。钱镛记电业机械厂也于 1918 年成功研制出小型电镀用直流发电机。真正的第一家国家资本电工制造企业是 1911 年北洋政府在上海开办的交通部电池厂。

第一代中国电气工程师中，在电机、电器等领域出现了一些杰出代表，中国电机工程界元老恽震、褚应璜，中国电器专家丁舜年就是其中的典范。

恽震（1901—1994），生于江苏常州，是革命家恽代英的族侄。1921 年夏，恽震毕业于上海交通大学电机系，获学士学位。之后，在伯父的资助下赴美国威斯康星大学攻读硕士学位，主修热力电厂和瞬变电流理论。1922 年，他赴美国匹兹堡的西屋电气公司实习，任电机实验员。同年，获美国威斯康星大学电机硕士学位。

恽震

新中国成立前，恽震曾主持筹建和运营国民政府资源委员会中央电工器材厂，全面负责与西屋公司的技术合作事宜，参与筹建并主持中国电机工程师学会，培养了大批电工技术人才和管理人才，对中国电机工程事业发展起到了至关重要的作用。早在 1932 年 10 月，恽震受命组织长江三峡水利勘察队，次年于《工程》杂志发表《扬子江上游水力发电勘测报告和开发计划》，提出三峡电站坝址可在葛洲坝和三斗坪两处中比较选定。后来，他又草拟《中国电力标准频率和电压等级条例》，并于 1954 年修订后公布实施，该文件成为新中国第一个国家电气标准，为统一全国纷繁混乱的电压、频率做出了重大贡献。

褚应璜（1908—1985），生于浙江嘉兴，高中二年级就考取了上海交通大学电机工程学院电力系。1931 年，褚应璜取得学士学位，并考取上海电力公司，但由于上海交通大学电机工程学院钟兆琳教授的挽留，他毅然放弃了上海电力公司的优厚待遇，甘愿在母校当了一名助教。两年后，钟兆琳教授推荐他参加上海华成电器厂筹建工作，并负责设计制造交流异步电动机及其控制设备。为了与洋货竞争，褚应璜夜以继日、废寝忘食，与技术人员和工人集思广益、共同研究，克服了一个又一个技术难题，终于研制成功中国首个交流异步电动机系列产品及其控制设备，打破了帝国主义的封锁，为祖国经济建设做出了重大贡献。

1942 年 7 月，国民政府资源委员会派他赴美国西屋电气公司工程师学院进修。先后在该公司电动机厂、发电机厂、工具厂、冲压厂、绝缘材料厂、铸造厂实习，学习产品标准、产品设计、工艺技术、工厂管理和车间管理。他建议选派国内有一定实践经验的工程技术人员到国外学习新技术。解放前夕，在中共地下党安排下，褚应璜前往北平向周恩来等中央领导人汇报西屋公司培训人员情况，建议把这批人才集中到东北参加电工基地建设，该建议被中央采纳，对新中国电机工业发展起到了重要的推动作用。新中国成立后，褚应璜历任华东工业部电器工业管理局副局长、一机部电工局总工程师等职，是中国科学院技术科学部学部委员（院士）、第一至第三届全国人大代表、第五届全国政协委员。

丁舜年（1910—2004），生于江苏泰兴县。1928 年高中毕业，考入上海交通大学电机工程系。1932 年毕业并取得工学学士学位，因学业优异留校任教。为实现“实业救国”的愿望，1934 年毅然辞去大学助教职务，受聘于华生电器厂任工程师。这是他走向工业界的一个重大抉择。

丁舜年到华生电器厂接受的第一项任务是改进变压器设计，经过多次试验改进，他以较短的时间完成了任务。1935 年华生电器厂南翔新厂建成，丁舜年调任新厂技术科主任，负责设计制造发电机、直流电动机、变压器、开关、电表等产品。

1936 年，华生电器厂接受南京国民政府建设委员会 3 个月内制造一台 2 000 千伏安、2 300/6 600 伏三相电力变压器的任务。在 2 300 伏降压变压器的任务中，除高压断路器和高压瓷套管由国外进口，其余设备都由丁舜年主持设计研制完成。

1953 年，丁舜年被任命为一机部上海第二设计分局局长。1954 年，前往苏联参加审查苏联援建中国的 156 项建设工程。年底回国后，调任一机部设计总局副总工程师。1956 年，组建一机部工艺与生产组织科学研究院，任副院长兼总工程师。

1958 年 1 月，丁舜年调任一机部电器科学研究院院长。在他的努力下，该院迅速发展成为专业配套、条件完备、技术力量雄厚的电工科研基地。在电机方面，研制生产了国防工业及科研单位、高校、工厂急需的控制微电机、高精度测速发电机、多种型式的高性能伺服电动机，以及整套的测试设备。在电气传动与自动化方面，研制生产了中国第一套体积小、性能高的磁放大器，为空对空导弹提供了配套用的磁放大器。在电工绝缘材料方面，研制成功并推广生产粉云母绝缘材料、硅有机绝缘材料，以及以环氧树脂、聚氨酯树脂和聚酯树脂为基础的 F 级和 B 级成套绝缘材料，有力地提高了中国电机、电器的电气性能和技术水平，促进了电器工业的发展。

在电工合金材料方面，研制成功银氧化镉触头、银铁触头以及铝镍钴永磁材料。在半导体材料方面，从锗硅提纯，拉制单晶到制成各种可控硅元件，并推广生产。

1959 年，丁舜年开始研制晶闸管，这比制成世界上第一个晶闸管的美国只晚两年，与日本几乎齐头并进。1960 年，在丁舜年的直接组织和指导下，一机部系统第一个电子计算机站建成，当时全国变压器统一设计都是在这个站计算的。1964 年秋，丁舜年调任一机部电工总局总工程师，负责全国电器工业的技术组织与领导工作。到任不久就承担了研发 10 万和 20 万千瓦大型汽轮发电机的任务，这是当时国内从未研制过的最大容量的发电机。丁舜年从调查研究和技术论证入手，进行研究、设计与计算，提出设计任务书，经一机部和水电部联合审查批准。1966 年，完全由中国自行设计制造的第一台采用氢冷的 10 万千瓦汽轮发电机诞生，配套的汽轮机和锅炉也同时制成。该机组在北京高井电厂安装后运行情况良好，与 20 世纪 60 年代末 70 年代初试制成功的双水内冷和改型为水氢冷的 20 万千瓦发电机组，一度成为中国发电设备的主力机组。

中国电机工业还有一些代表人物，在不同领域做出了重要贡献。火电设备电机工程专家姚诵尧，主持上海电机厂闵行新厂区的建设，以及 12.5 万千瓦、30 万千瓦双水内冷汽轮发电机研制工作。热能动力工程专家杨锦山，率团赴捷克斯洛伐克谈判，引进火电设备设计制造技术，领导中国第一台（套）6 000 千瓦汽轮发电机组的研制，组织创建了国内第一个火电设备研究所（原一机部汽轮机锅炉研究所）。电机工程专家孟庆元，主持研发世界第一台 1.2 万千瓦双水内冷汽轮发电机，先后研制成功 5 万千瓦、12.5 万千瓦和 30 万千瓦双水内冷汽轮发电机。电机工程专家沈从龙，主持研制哈尔滨电机厂大中型交直流电动机和 10 万千瓦氢内冷汽轮发电机。此外，还有程福秀教授，专于电机设计和特种电机的研究，历任同济大学电机系代主任，上海交通大学电机系、电工及计算机科学系主任，中国电工技术学会常务理事，上海电机工程学会第五届副理事长等。

2. 工业自动化工程的开拓者

工业自动化是机器设备或生产过程在不需要人工直接干预的情况下，按预期的目标实现测量、操纵等信息处理和过程控制的统称。自动化技术涉及机械、微电子、计算机等技术领域，是探索和研究实现自动化过程的一门综合性技术。自动化工程有力地促进了工业的进步，已被广泛应用于机械制造、电力、建筑、交通运输、信息技术等领域，成为提高劳动生产率的重要手段。我国的工业自动化领域出现过许多的开拓者，其中包括沈尚贤、张钟俊、蒋慰孙等人。

沈尚贤（1909—1993），浙江嘉兴人。从事自动控制与电子技术方面的教学与研究，学养深厚、经验丰富、治学严谨、在学术界有很高的威望，是我国自动控制与电子工程领域的奠基者。1931年，沈尚贤毕业于浙江大学电机系，同年留学德国。留德期间，他渴望振兴中华，发展民族工业，提出“德国有西门子，我们要办中国的东门子”的宏伟设想。1934 年回国后，沈尚贤从事高等教育工作，年仅 30 岁就被聘为教授，先后在清华大学、西南联大和浙江大学任教。1946 年，他任上海交通大学教授。1951 年，因历史原因，我国医院 X 光管坏后无法补充，当时的上海医药局要求上海交通大学组织研制 X 光管。物理系周同庆教授和沈尚贤在电讯实验室领导成立研制班子，从真空泵到吹玻璃工艺，再到研制感应加热炉，从头到尾摸索前进，最终试制成功 X 光管。沈尚贤在电真空方面的经验对试制的成功起到了决定性的指导作用。

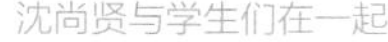

沈尚贤与学生们在一起

1952 年，他在上海交通大学主持筹办“工业企业电气化”专业，任教研室主任，并与苏联专家组织培养研究生，迈出了解放后上海交通大学研究生教育的第一步。1956年，曾参与起草了我国十二年科技发展远景规划，参与中国科学院自动化研究所以及中国自动化学会的筹建工作。1957年，沈尚贤提议建立新的工业电子学专业，并投入直流输电、大功率整流器和电子单元组合控制系统的研究。1958年，他响应国家的号召，与张鸿、陈大燮、钟兆琳、赵富鑫、周惠久等上海交通大学的许多知名教授一起，举家随校西迁，成为西部大开发的先行者。历任西安交通大学教授、教育部工科电工教材编审委员会主任委员、陕西省第四至六届政协副主席、九三学社陕西省委第四届副主任委员、中国电工技术学会电力电子学学人副理事长。主编有《工业电子学》《模拟电子学》，著有《电子技术导论》等。在沈尚贤百年诞辰之际，江泽民同志特地为恩师题词："举家西迁高风尚，电子领域乃前贤"。

张钟俊

张钟俊（1915—1995），出生于浙江嘉善，自动控制学专家，电力系统和自动化专家，中国自动控制、系统工程教育和研究的开拓者之一。他于1935年获美国麻省理工学院硕士学位，1938年获美国麻省理工学院科学博士学位。他的博士学位论文解决了电机学上一个多年悬而未决的难题，这一切得益于他对微分方程和傅里叶级数的透彻理解与灵活运用。

1942年，中国抗战军事通信及后方经济建设迫切需要大批具有独立研发能力的高级电信专门人才。为了培养高层次应用型人才，时任上海交通大学校长的吴保丰向国民政府的交通部电信总局、中央广播事业管理处、中央电工器材厂、中央无线电器材厂等单位提出合作培养电信专业研究生的意向，得到赞同，教育部随即批准成立电信研究所。在国民政府交通部等单位资助下，学校委托张钟俊教授筹建电信研究所。1943年，我国第一个电信研究所在上海交通大学成立，张钟俊任主任，正式招收研究生，课程设置参照美国麻省理工学院和哈佛大学。

电信研究所培养研究生的方案，与现代研究生教育的发展趋势及高层次科技人才成长规律相符合，许多经验值得继承借鉴。从1935年4月国民政府教育部颁布《学位授予法》，到1949年的14年间，全国授予工学硕士学位39名。而上海交通大学电信研究所从1944年至1949年，培养的工学硕士目前有案可查的就有19名，几乎占到了全国总数的一半。

张钟俊等一批教授把教学和科研紧密结合起来，课程内容新颖而深入，能反映该领域的世界前沿知识和最新研究成果。电信研究所对基础理论高度重视，与张钟俊的学术经历与学术思想密不可分。1948年，张钟俊写成世界上第一本阐述网络综合原理的专著《网络综合》，同年在中国最早讲授自动控制课程“伺服机件”。他在网络综合理论中所取得的开拓性成就，受惠于他在复变函数方面的精深造诣。“网络综合”是当时电路理论领域刚刚兴起并迅速发展的一门学科，也是张钟俊在麻省理工学院任博士后研究员时所从事的工作。在主持电信研究所期间，他不仅自己从事这一新兴学科的研究，还指导学生一同探索。

新中国成立初期，他建议并参与建立了统一的电力系统，实现了集中管理和调度。1956年，张钟俊参加全国十二年科学规划工作，编写了电力系统规划，并作为电力系统组组长，参加了长江三峡水力发电站的规划论证。1980年当选为中国科学院学部委员（院士）。

蒋慰孙（1926—2012），上海嘉定人。中国化工自动化工程的开拓者。解放初期，我国的化工生产自动化程度几乎为零，除为数不多的计量仪表与调节器外，各种控制基本上都需依靠繁重的体力劳动。1953年后，我国开始从苏联成套引进化工装置，兴建了吉林、兰州、太原三大化工基地，并分别于1957年、1958年、1961年投产。即使这样，企业的自动化水平仍然很低，各种仪表重复使用，装置繁琐而复杂，仅能对一些辅助参数做到简单的定值调节，对变换炉温度、合成塔温度等主要参数仍以人工调控为主，基本谈不上自动化。

随着化工厂规模的扩大和产品种类的增加，亟需化工自动化及仪表方面的专业技术人才。在华东化工学院的化工原理教研组和化工机械专业教研组工作的蒋慰孙，业余时间积极自学化工仪表及自动化专业知识，成为这方面的专家。1956 年，浙江大学与天津大学首先在国内创办化工自动化专业，1958 年，华东化工学院也开始在化工机械专业的基础上筹办化工自动控制专业，为化工企业培养专门人才。

由此，蒋慰孙从化工机械教研组调到自动控制教研组，与吴步洲教授等一起筹建新专业。新专业在国内刚刚起步，没有现成的教学方案和教材。蒋慰孙与同事们一起制订教学计划，编制各门课程的教学大纲，筹建化工仪表及自动化实验室，编写化工自动化方面的教材，指导学生的实践和毕业环节。在没有现成教学范本的情况下，他带领教研组同事先后编纂完成了《化工仪表及自动调节》《化学生产过程自动化》《化工过程自动调节原理》等讲义。

20 世纪 50 年代，化工自动化研究在国内尚属初创阶段。为“急国家所急，急生产所急”，推进生产、科研、教学有机结合，促进化工自动化专业乃至学科的迅速发展，蒋慰孙积极探索、勇于尝试并取得了诸多成效。他与上海化工研究院合作，在试验厂开发硫酸生产自动化项目中担任方案拟定、试验步骤确定、实地调试、总结报告执笔等工作；与吴泾化工厂合作，开展过程动态数学模型和生产优化的研究，完成了计算机控制方案。

多年间，蒋慰孙与他的研究生在控制理论及应用领域进行了深入系统的研究，在化工过程的动态数学模型的建立与控制，特别是对分级过程和分布参数过程、精馏塔的建模和控制方面，开展了大量的研究工作；在系统辨识、过程建模和模型简化等方面有所创新；在多元精馏、中温变换和固定床催化等方面均有成果。蒋慰孙主持了多项国家自然科学基金项目、国家“七五”“八五”“九五”科技攻关项目，不仅在科学研究上取得了显著成绩，而且著书立说，先后出版了十部著作，其中《过程控制工程》（与俞金寿教授合作编著）获 1992 年全国优秀教材奖。几十年来，他共获得国家、省部级科技进步奖 13 次。2012 年 12 月 13 日，蒋慰孙在上海逝世，享年 87 岁。

五、新中国成立初期的路桥工程建设

1. 康藏公路——中国第一条进藏公路

1936 年，我国公路通车里程已达 11.73 万千米。此后，由于战争影响，新中国成立初期全国公路通车里程数减少为 8.07 万千米——这个数字成为新中国公路工程建设的基础和起点。

当时，西藏是中国境内唯一没有近代道路和近代交通工具的地区。从四川雅安或青海西宁到西藏拉萨，只能步行或乘骑骡马，爬山涉水，需走几个月的时间。

1949 年底，除西藏地区外，全国大陆悉数解放。为实现祖国统一大业，增进民族团结，建设西南边疆，中央授命解放西藏，修筑进藏公路。"康藏公路"就成了第一条进藏公路。

康藏公路 20 世纪 50 年代初开始修建，起于西康省的雅安，止于西藏的拉萨，长达 2 255 千米。1955 年，西康省撤销建制归并四川，康藏公路的起点移至成都，改称川藏公路，里程也增加到 2 405 千米。

康藏公路蜿蜒翻越横断山脉的二郎山、雀儿山、达马拉、色霁拉等 14 座大山，除二郎山垭口海拔 3 212 米外，其余均在海拔 4 000 米以上；先后跨越青衣江、大渡河、雅砻江、金沙江、澜沧江、怒江、尼洋河、拉萨河等河流；横穿龙门山、青尼洞、澜沧江、通麦等 8 条大断裂带。高山激流，更间有冰川、塌方、流沙、滑坡、泥石流、泥沼、地震地带，地质结构复杂，地质灾害频发，可想而知，筑路工程异常艰难。

1950 年 10 月 1 日，中国人民

20 世纪 50 年代，行驶在康藏公路上的车队

20 世纪 50 年代中期，在怒江边悬崖峭壁上开凿公路的解放军战士

川藏公路今貌

解放军第十八军后方司令部康藏工程处在重庆成立。工程处一边恢复国民党时期废弃的雅安至德格县马尼干戈段公路，一边着手开始康藏公路的筹建工作。1951 年 5 月 12 日，西南军区成立康藏公路修建司令部，组建了入藏测绘队，调归十八军建制。这支工程师和技术人员大军经受了风雪严寒和高原缺氧等各种困难的考验，参加了机场、公路路线勘察、道路测绘，出色地完成了任务。

从 1951 年 9 月底开始，共 1.2 万筑路大军陆续进入雀儿山路段施工。雀儿山是海拔 5 000 多米的高原，空气稀薄。在冰封雪裹的冬季施工，艰难程度难以想象。冻土层与冰雪融成一米多厚的泥浆，指战员们在冰雪和泥浆中施工，奋战 116 天，将公路通到了昌都。1953 年的重点工程是突破怒江天堑、凿通然乌沟石峡。怒江为进入西藏的天险，江面宽 100 多米，水深 20 多米，西岸冷曲河流入怒江，有连绵不断长达 7 000 米的悬崖。经过艰苦奋战，筑路大军终于建成了一座长达 87 米，距江面 33 米高的钢架桥。

如今在群山中穿行的川藏公路

康藏公路是我国交通建设史上最艰巨的工程之一，耗资 2.06 亿元，军民牺牲 2 000 多人。1955 年，康藏公路更名为川藏公路。川藏公路现在分南北两线，川藏南线从成都出发，全长 2 100 多千米，最高点是海拔 5 013 米的米拉山垭口。川藏北线即整条 317 国道，全长 2 414 千米。川藏北线于 1954 年 12 月 25 日与青藏公路同时建成通车。

2. 长江天堑第一桥——武汉长江大桥的兴建

（1）武汉长江大桥的工程建设

武汉三镇位居中国腹地、长江中游，汉水由此汇入长江，地理位置优越，曾被孙中山誉为“内联九省、外通海洋”的大商埠。清末，武昌为湖北省会，汉口为商埠，汉阳为工业基地。1906 年，京汉铁路全线通车，粤汉铁路也在修建当中。建桥跨越长江、汉水，就可以连通京汉、粤汉两路，形成中国的南北大动脉，这一直是当时中国民众和工程师的梦想。

早在晚清时期，湖广总督张之洞就曾提出兴建武汉长江大桥的设想，旨在沟通南北铁路。民国时期，铁路工程师詹天佑考虑到粤汉铁路与京汉铁路的跨江接轨，在规划武昌火车站时便预留出与京汉铁路接轨出岔的位置。孙中山在《建国方略》中也曾论及应当修建武汉长江大桥，以连通武汉三镇。后由北京大学德国籍教授乔治・米勒带领学生对武汉长江大桥的桥址进行初步勘测和设计，提出将汉阳龟山和武昌蛇山之间江面最狭隘处作为大桥桥址，经武昌汉阳门、宾阳门连接粤汉铁路。北洋政府时期，交通部聘请美国桥梁专家约翰・华德尔为顾问，设计武汉长江大桥。华德尔选择的桥址与乔治・米勒团队所拟位置大致相同，设计方面采用简单桁梁、锚臂梁、悬臂梁混合布置，并主张使用合金钢建桥以减轻重量。但由于建设费用庞大，计划被迫搁浅。1927 年，华德尔受国民政府邀请，对之前的设计方案做出修订。为保证长江轮船的通行，大桥

远眺武汉长江大桥

采用简单桁梁，并设可上下升降的升降梁，全长 1 222 米，共 15 孔，桥面一层由公路、铁路共用，桥面升起时可高出最高水面 46 米。然而，此次计划同样由于耗资巨大而无下文。

1935 年，鉴于粤汉铁路即将全线建成通车，平汉、粤汉两路需要在武汉连通。以茅以升为首的钱塘江大桥工程处再次对武汉长江大桥的桥址进行测量钻探，并邀请苏联驻华的莫利纳德森工程顾问团合作拟定建桥计划。这次规划的长江大桥是一座固定式的铁路、公路联合桥，桥址位于武昌黄鹤楼到汉阳莲花湖北刘家码头之间，全长 1 932 米，设两台 7 墩 8 孔。6 号、7 号桥墩间为大型轮船通航航道，主跨 237.74 米，以拱形钢梁架设于 6 号、7 号桥墩之上，桥下在最高洪水位时净高 30 米，桥面一层，公路、铁路并列。后来也因集资困难而不了了之。

新中国成立后，武汉长江大桥的建造计划被正式提上日程，并被列为苏联援华的“156 项工程”之一。铁道部于 1950 年 2 月着手进行桥址的勘测工作，并在设计总局下成立武汉长江大桥设计组专司其职。1953 年 4 月，铁道部设立武汉大桥工程局，负责武汉长江大桥的设计和施工。著名桥梁专家茅以升任总设计师，以康士坦丁·谢尔盖维奇·西林为首的苏联专家组 28 人为技术指导。1955 年 2 月，召开武汉长江大桥技术顾问委员会会议，聘任茅以升为主任委员，顾问委员还包括罗英、陶述曾、李国豪、张维、梁思成等。

大桥的设计方案是从全国征集的 25 套方案中，由专家评委会评选出来的。该方案的设计者为唐寰澄，毕业于上海交通大学土木工程系，先后任职于茅以升创立的中国桥梁公司、铁道部设计总局，后转入铁道部武汉大桥工程局。他将大桥设计为钢筋混凝土结构的重檐四坡攒尖顶桥头堡，平面尺寸为 15 米 ×32 米，自地面至公路面高为 35 米。除布置可通火车、汽车和行人的纵向运输通道外，两侧还设有电梯、楼梯供行人上下。双层引桥的上层采用连续拱的形式，两端桥头配合蛇山和龟山公园作了适当的绿化布置。武昌岸桥头附近为古黄鹤楼故址，因而利用蛇山地形，在铁路面的上游留有一个宽敞的平台，供游人上下憩息观赏，凭眺江色。方案初步设计完成后，铁道部邀请苏联运输工程部组织有关专家代为鉴定，得到了苏联专家的高度赞扬和肯定。

1955 年 9 月 1 日，武汉长江大桥正式开工建设，大批建桥职工从全国各地被抽调过来，组成了全国第一支以桥梁为专业的建桥大军。1957 年 9 月 25 日，武汉长江大桥全部完工，并于当天下午正式试通车。10 月 15 日，5 万武汉人民参加了大桥落成通车典礼。建成后的武汉长江大桥是一座公路、铁路两用桥，铁路桥全长 1 315.2 米，公路桥全长 1 670.4 米，正桥 8 墩 9 孔，每孔桥跨 128 米。桥下通航水位净空 18 米，可通行 3 000 吨轮船及 6 艘 3 000 吨驳船组成的船队。

武汉长江大桥的建成，不但接通了我国南北大动脉京汉及粤汉铁路，而且与先期建成的江汉桥一起，将武汉三镇连成一体，对武汉的交通和发展起到了巨大作用。1956 年 6 月，毛泽东主席从长沙到武汉，第一次游泳横渡长江。当时武汉长江大桥已初见轮廓，毛泽东主席即兴写下《水调歌头·游泳》一词，其中广为传诵的一句“一桥飞架南北，天堑变通途”，正是描写武汉长江大桥的气势和沟通交通大动脉的重要性。

（2）军人工程师——彭敏

著名桥梁工程师彭敏对武汉长江大桥做出了重要的贡献。

彭敏（1918—2000），生于江苏省徐州市，毕业于扬州中学土木工程科。“九一八”事变后，受鲁迅的爱国进步思想的影响，他积极参加反帝反封建和抗日救国运动，抗战中带领部队出生入死浴血奋战，并且参加了百团大战。抗战胜利后，彭敏成为我党第一支铁路队伍的领导人，指挥了北满铁路的抢修、维护工作，为全面接收东北提供了基本物资保证，为接管全中国的铁路奠定了基础。

新中国成立以后，彭敏任铁道兵第三副司令员兼总工程师。他参加了抗美援朝，任志愿军铁道兵团总工程师，中国人民志愿军铁道兵团、中朝联合军运司令部抢修指挥所司令员。在美军的狂轰乱炸中，他指挥的团队铸造了一条永摧不毁的“钢铁运输线”，保证了朝鲜战场的物资供应。

1953 年 1 月，铁道部委派因伤休养的彭敏为武汉大桥工程局代理局长兼总工程师，他带病只身来到汉口。4 月，武汉长江大桥工程局正式成立，彭敏任局长。他把全国著名的桥梁专家都设法调到大桥局，这批专家不仅有坚实的理论基础，也富有实践经验。在大桥建设中，彭敏与苏联专家密切配合，充分发挥和调动了中国桥梁专业技术人员的积极性，采用新创造的基础结构和施工方法，战胜了 1954 年百年不遇的特大洪水，用两年零一个月的时间建成了长江第一桥。

在这之后，彭敏又参与组织修建了郑州黄河大桥、重庆白沙陀长江大桥、湖南湘江大桥、广州珠江大桥等工程。1958 年 9 月，任南京长江大桥建设委员会副主任委员。此外，他还参与领导了成昆铁路、川黔铁路、滇黔铁路、桂昆铁路、坦赞铁路的建设。

中国工程师史 第二卷

第四章

自力更生——改革开放前的工程师

一、改革开放前的工程事业发展

1.“文革”期间工程事业的发展

在“文革”中，中国的工程师们自强不息，仍然在自己的岗位上顽强奋斗。1964 年，我国第一颗原子弹爆炸试验成功；1967 年，第一颗氢弹爆炸试验成功；1968 年，第一座自行设计施工的南京长江大桥建成通车；1969 年，首次地下核试验成功；1970 年，“东方红一号”人造地球卫星发射成功；1971 年，第一艘核潜艇安全下水并试航成功；1972 年，第一条超高压输变电工程——刘家峡水电站建成输电；1973 年，第一台每秒运算百万次的集成电路电子计算机试制成功；1974 年，大港油田和胜利油田建成；1975 年，第一颗返回式卫星发射成功；同年，第一条电气化铁路（宝成铁路）建成并交付使用。

以石油、煤炭、电力、钢铁、水泥为主的能源、原材料生产，是国民经济发展中最为基础性的工业。1967 至 1976 年间，国家对能源建设的投资超过 500 亿元。在石油工业中，不仅扩建了大庆油田，而且新建了胜利油田、大港油田、任丘油田、辽河油田、中原南阳油田、江汉长庆油田等。原油产量以每年平均 18.6% 的速度增长，1978 年原油产量突破 1 亿吨，原油加工量比 1965 年增加 5 倍多。如果没有这一时期石油工业的发展，我国在八九十年代甚至现在的石油自给都将面临较大的困难，与之相关的化工、化肥、化纤等工业也不会发展扩大。在煤炭工业中，新建了山西高阳煤矿、山东兖州煤矿、河南平顶山煤矿、四川宝顶山煤矿、新疆哈密露天煤矿。在电力工业中，除各地兴建的众多中小型发电站外，仅大型发电站就有刘家峡水电站、丹江口水电站、龚咀水电站、黄龙滩水电站、碧口水电站、八盘峡水电站等，唐山陡河发电厂、山东莱芜火力发电厂也陆续建成并投入使用。

在交通运输方面，不仅建成了成昆、湘黔、川黔、襄渝、焦枝、枝柳、京通、阳安等十多条铁路干线，还建成了包括滇藏公路、韶山至井冈山公路在内的多条贯穿各省城乡的公路干线。到1979年，全国铁路通车里程达5万多千米，并且开启电气化铁路建设；公路通车里程达80多万千米，覆盖全国2 000多个县。同时，中国的桥梁建设也步入了新阶段。1968年，世界闻名的重大工程——南京长江大桥建成通车。此后的10年间，又先后建成了长沙湘江大桥、北镇黄河大桥、前扶松花江大桥、兰溪兰江大桥、蚌埠新淮河大桥、上海黄浦江大桥、福建闽清大桥、洛阳黄河大桥、田庄台辽河大桥、江苏淮南大桥、五河淮河大桥、重庆长江大桥等。我国桥梁建设无论在设计施工水平，还是在建设速度上都跃上了一个新台阶。

在水利工程方面，基本完成了包括海河、淮河、黄河、辽河在内的多条大江大河的治理工程，不仅消除了水患灾害，并且建设了多个具有综合利用功能的水利枢纽工程，产生了巨大效益。此外，全国各地共兴修了近百条人工河，建成了7万多座大中型水库。1969年，建成的林县红旗渠，可扩大灌溉面积60多万亩。同年竣工的江都水利枢纽工程，由3座大型抽水机站、5座中型节制水闸、3座船闸和疏浚河道等十多项工程组成，它将长江、淮河、大运河和里下河联结起来，利用这些河流的不同水位，通过自流和机动引水结合进行排涝和抗旱，可灌溉农田250多万亩。1970年，湖北汉北河竣工，全长110多千米，可扩大灌溉面积100多万亩。1972年，辽河治理工程竣工，共修筑堤防4 500千米，修建水库220座，流域共建电力排灌站920处，可灌溉农田1 100多万亩。1973年完成的海河治理工程，前后用了10多年的时间，共修筑防洪大堤4 300多千米，开挖、疏浚河道270多条，新建涵洞、桥、闸6万多座。同时还修建了多个水库，对洪、旱、涝、碱等灾害进行了全面治理，使其排洪能力提高了10倍多，实现了海河流域内每人一亩水浇地。

此外，我国在大港口建设、长距离输油管道建设、高压远距离输电变电工程、载波通信干线工程、卫星通信地面站建设等领域也多次刷新历史记录，填补了诸多空白。然而，“文革”时期工程师的生存环境极为严酷，大批从海外回国的科技人员都面临着异常艰难的处境，学有专长的知识分子难以开展正常的研究工作。同时，“文革”造成了我国国民经济的巨大损失，有 5 年经济增长不超过 4%，其中 3 年负增长。

2. 三线建设——我国经济建设战略布局的大转变

由于历史的原因，我国工业的 70% 都集中在东南沿海一带，而占国土面积 1/3 的西南、西北内陆地区，因为交通闭塞，工业基础十分薄弱。1965 年 9 月，在国家计委拟定的第三个五年计划安排草案中提出，根据当时复杂的国内外局势，第三个五年计划要把国防建设放在第一位，加快三线建设，逐步改变工业布局。

从 20 世纪 60 年代中期到 70 年代末期，在中国西南、西北内陆地区，开展了一场大规模的经济建设运动。根据当时从战略角度进行的划分，这一地区属于全国战略布局的第三线（第一线指东北及沿海各省，一线与三线之间为第二线），也称“大三线”。同时，各省又都划分了自己的一、二、三线，其中的第三线称为“小三线”。大小三线的集中建设，在六七十年代我国国民经济发展中占有很大比重，史称“三线建设”。其投资之集中、地域之广阔、持续时间之长，都为新中国建设史上所仅有。整个建设过程大体分为两个阶段：1965 年和“三五”时期为第一阶段，总投资 560 多亿元，主要用于成昆、滇黔、川黔三条铁路、重庆工业基地以及攀枝花、酒泉钢铁厂的建设上；“四五”和“五五”计划时期为第二个阶段，共投入资金 1 492 亿元，占同期全国基本建设总投资的 36.4%，共安排建设项目 1 100 多个。

交通运输方面，相继建成川黔、贵昆、成昆、湘黔、襄渝、阳安、太焦、焦枝和青藏铁路西宁至格尔木段等 10 条干线，新增铁路 8 046 千米，占同期全国新增里程的 55%，货物周转量增长 4 倍多，占全国的 1/3。能源工业方面，新建六盘水、宝鼎、芙蓉、韩城、铜川、平顶山等 50 多个统配煤矿区；新建葛洲坝、龚咀、乌江渡、凤滩、龙羊峡、秦岭、神头等大中型水、火电站68座，新增装机容量1 872.4万千瓦；新开发8个油田和天然气田，天然气开采能力达54亿立方米；新建攀枝花、长城、水城、舞阳等钢铁工业企业984个；建成有色金属工业企业945个，占全国有色金属工业企业数的41.4%。此外，初步建成了具有相当规模、门类齐全、生产和科研相结合的三线国防、科技、工业体系。核工业方面，形成了从铀矿开采、水冶、萃取、元件制造到核动力、核武器研制以及原子能和平利用等比较完整的核工业科研生产系统。

我国在三线建设中总投资达2 050亿元，初步改善了我国内地交通落后、基础工业薄弱和资源开发程度低下的历史状况，从而使三线地区基本成为部门较为齐全、工农业逐步协调发展的战略大后方。全国许多著名大型企业，如湖北二汽、贵州铝厂、邯郸大型水泥厂、德阳第二重型机械厂、江油特殊钢厂、成都无缝钢管厂、山东拖拉机厂等都是在这一时期兴建的。三线建设不仅增强了我国的经济和国防实力，同时也改善了国内生产力的不合理布局，进一步促进了内地资源的开发，带动了少数民族地区的社会进步。

3. 大规模引进西方技术设备

20世纪50年代，我国处于工业建设的特殊时期，第一次从苏联大规模引进成套设备。得益于这次引进，我国在原材料、能源、机械、电工等工业领域迅速形成了较强的生产能力，现代工业体系也由此得到了初步建立。60年代初期，苏联专家撤走后，中国和苏联、东欧的经济贸易交往急剧减少。当时，我国也曾考虑扩大与资本主义国家的经济交往，引进先进技术设备，但由于国际形势的持续紧张及“文革”运动，一直未能实施。

20世纪70年代，我国在坚持独立自主、自力更生的基础上，开始探索同西方发达国家开展经济技术交流的渠道。1971年，中国恢复了在联合国的合法席位，并且随着美国总统尼克松访华，美国等西方国家的对华封锁逐渐被打破，这为中国引进成套先进技术设备创造了有利条件。1972到1973年间，国家计委先后4次向中央报送关于进口成套技术设备的报告，最后形成在3到5年内引进43亿美元成套设备的方案，即“四三方案”。该方案的引进设备包括化学纤维4套、石化3套、大化肥13套、烷基苯项目1套、大型电站3套和钢铁项目2套。此外，还有43套机械化综合采煤机组，1套彩色显像管成套生产技术，以及当时具有世界先进水平的透平压缩机、燃气轮机、工业汽轮机等单个项目。

此后，以“四三方案”为中心，我国先后投资50多亿美元，引进了26个大项目。其中用于解决吃、穿、用问题的化肥、化纤和烷基苯项目就有18个，投资总额达136.8亿元人民币，占全部投资额的63.84%。这次引进高潮是新中国成立以来第一次同西方发达国家进行大规模的技术交流与合作，不仅对西方国家有了初步的了解，还学习了发达国家的先进技术、工艺流程，同时也接触了先进的管理理念和管理方法，对于中国确立新的对外经济战略具有开创性的意义。

1977到1978年间，工业生产实现了较高增长，导致一些人产生了盲目乐观的情绪，许多大型科技和工程项目未经事先严格的审查和论证而纷纷上马。尽管这一时期的技术引进存在种种问题，但它突破了过去的引进模式，由片面强调自力更生发展到不怕大规模借贷，由单纯引进技术设备发展到吸引外资到中国开办合资企业。

4. 红旗渠精神——社会主义现代化建设的精神动力

人称“世界第八大奇迹”的“人工天河”——红旗渠，蜿蜒盘绕在太行山南麓的悬崖峭壁上。这条水渠长约1 500千米，踏过1 250座山头，穿越211个隧洞，飞过152道渡槽，将山西省平顺县境内的漳河水引到了河南省林州市（原林县）。这一大型水利工程与南京长江大桥一道，被周恩来总理自豪地誉为“新中国的两大奇迹”。

林县位于河南省西北角的太行山东麓，在“红旗渠”修建之前，

施工队在悬崖峭壁上开凿

它是一个山高坡陡、土薄石厚、水源奇缺、十年九旱的贫瘠山区。全县98.5万亩耕地，只有1.2万亩水浇地。550个村庄，常年远道取水的就有307个。全县每年因担水误工达480万人，占农业总投工的30%以上。也就是说，当地人每年要把近4个月的时间花在那远而又远的取水道上。1959年，林县遇到了前所未有的大旱，不仅使大秋作物无法下种，就连人畜饮水也陷入了困境。林县人认识到，要解决水源问题，必须把眼光放到周边县域甚至外省。

当时的林县县委书记杨贵亲自带领调查组去太行山考察，他们发现浊漳河流经山西省平顺县石城镇时长年有每秒25立方米的流量，到汛期更在每秒1 000立方米以上。杨贵兴奋不已，一个大胆的设想在他脑海里形成了，即“引漳入林”。林县的动议立即得到了河南省和山西省有关领导的支持，从平顺县“猴壁断”下引水这一工程方案被确定。按照设计方案，工程将在“猴壁断”处把漳河截住，劈开太行山，将漳河水引到林县坟头岭，以此为起点，再向东、南、东北三个方向修建3条水渠，用以灌溉林县境内的50多万亩田地。

1960年2月，3.7万人的修渠大军从全县15个公社同时出发，

建成后盘绕太行山腰的红旗渠

向晋、冀、豫三省交界的浊漳河汇集。当时正值国家经济最困难的时期，财力、物力都极其紧张，然而林县人民依靠艰苦奋斗的精神，团结协作，群策群力，终将困难一一解决。

在建设过程中，民工们自带镢头、铁锨、抬筐、口粮，县里负责购买炸药、钢钎、水泥等大件物料。当资金需求数额越来越大时，县里就组织社队工程队到其他城市承揽工程，所得收入作为建渠资金。据统计，整个总渠、三条干渠及支渠配套工程总投资 6 865.64 万元，其中自筹资金占 85%。遇到物资匮乏时，他们就四处求援，或自己想办法。钢钎不够，就请老红军和转业干部找部队求援，低价购买一部分部队修坑道剩下的钢钎、炮锤，运回工地进行加工；将国家分配给农业用的化肥硝酸铵作原料，加上锯末，自造炸药。

位于任村镇牛岭山东边的大隧洞，是总干渠上的咽喉工程。为了凿开这个坚硬无比的石英砂岩隧洞，300 多名青年轮班作业，腰系绳索，手握钢钎，吊在崖壁的半山腰上凿了 5 个旁洞。他们创造了“三角炮”和“瓦缸窑炮”等爆破方法，使钻洞速度由每天的 30 多厘米提高到 200 多厘米。经过 17 个月的紧张会战，掏空了 15 400 立方米碎石，最终凿通了这条长 616 米、高 5 米、宽 6.2 米的隧洞。红旗渠总干渠和露水河西支浊河在白家庄发生了交叉矛盾，指挥部与工程技术人员经过反复研究，最终设计出空心坝，坝中过渠水，坝上流洪水，使得渠水不犯河水。

从 1960 年红旗渠开工的第一声炮响，到 1969 年包括配套工程的全线竣工，林县人民苦战了 10 个春秋，共投工 5 611 万个，动土石方 2 200 多万立方米。建成的总干渠墙高 4.3 米，宽 8 米，支、干渠总长达 1 525.6 千米，设计的最大流量达 23 立方米 / 秒。同时，他们还沿渠建设了一、二类水库 48 座，小型水力发电站 45 座，库容 6 000 余立方米。

随着以红旗渠为主体的灌溉体系的形成，林县从此告别了缺水的日子。林县人这种自力更生、艰苦创业、团结协作、无私奉献的精神后来被称为“红旗渠精神”，这种精神至今仍是激发后人进行社会主义现代化建设的精神动力。

二、新中国的“两弹一星”工程师

1. 原子弹与导弹工程

1942 年 9 月，美国开始实施制造原子弹的“曼哈顿工程”计划。1945 年 7 月 15 日，美国首次核试验成功，成为世界上第一个拥有核武器的国家。

新中国成立后，如何构建我国的国防、谋求国家安全、提高国际地位，成为党和政府面临的重要问题。抗美援朝战争结束后，美、苏、英、法等几个大国都争先发展以核武器和导弹为代表的尖端武器，美苏之间的争霸越来越体现在尖端武器的研制上。在此背景下，中国根据国内需要，决定发展自己的尖端武器。

1951 年 10 月，留学法国的中国放射化学家杨承宗博士学成回国，临行前他去拜访了诺贝尔奖获得者约里奥·居里（居里夫人的女婿）。约里奥·居里非常赞同杨承宗的爱国行动，并请他给毛泽东主席带一句话：“中国要反对原子弹，就必须拥有原子弹。”毛泽东很快听到了这句话，更加坚定了他发展尖端武器的信心。

1957 年 10 月，中国和苏联签订了《关于国防新技术的协定》，苏方同意在核技术方面给予中国援助。根据这一协定，中国将从苏联得到一枚原子弹的教学模型，苏方还要为中国提供核试验研究基地的全套技术图纸。但是，后来中苏关系紧张，苏联撤走了全部专家，苏联承诺援助中国的 30 项核工程项目，当时还有 23 项没有完成。苏联专家临走前说：“离开我们，你们 20 年也搞不出原子弹。”

1959 年 7 月，周恩来总理向二机部部长宋任穷、副部长刘杰传达了中央“自己动手，从头摸起，准备用 8 年时间搞出原子弹”的重大决策。二机部将苏联来信拒绝提供原子弹教学模型和图纸资料的日期——1959 年 6 月，作为第一颗原子弹的代号“596”。

从此，研制原子弹的重任自然就落在有担当的中国科学家和工程技术人员的肩上。从这一重大科技项目开始，建立了中国研制原子弹的团体，包括钱三强、邓稼先、王淦昌等几位领军人物。

2. 新中国原子弹专家

（1）钱三强

钱三强（1913—1992），浙江湖州人，出生于书香门第。1936 年，毕业于清华大学物理系。1937 年 9 月，在导师严济慈教授的引荐下，他来到巴黎大学镭学研究所居里实验室攻读博士学位。1940 年，钱三强获得博士学位后，又继续跟随他的导师——第二代居里夫妇当助手。1946 年底，钱三强荣获法国科学院亨利·德巴微物理学奖，1947 年，升任法国国家科学研究中心研究员。1948 年夏天，钱三强怀着迎接解放的心情回到了祖国。

清华大学毕业时的钱三强

从新中国建立起，钱三强便全身心地投入到中国的原子能事业中。他先后担任过中国科学院近代物理研究所（该所后来更名为原子能研究所）的副所长、所长。1955 年，被选聘为中国科学院学部委员（院士）。他与钱伟长、钱学森一起，被周恩来总理称为中国科技界的“三钱”。1958 年，他参加了苏联援助的原子反应堆的建设，他还将邓稼先等优秀人才推荐到研制核武器的队伍中。

1960 年，中央决定完全靠自力更生发展原子弹后，已兼任二机部副部长的钱三强担任了技术上的总负责人、总设计师。他像当年居里夫妇培养自己那样，倾注全部心血培养新一代学科带头人。在“两弹一星”的攻坚战中，涌现出一大批杰出的核专家，并在这一领域创造了世界上最快的发展速度。人们后来不仅称颂钱三强对极为复杂的各个科技领域和人才使用协调有方，也认为他领导的原子能研究所是“满门忠烈”的科技大本营。1992 年 6 月 28 日，他因病去世，终年 79 岁。国庆 50 周年前夕，中共中央、国务院、中央军委向钱三强追授了由 515 克纯金铸成的“两弹一星功勋奖章”，以表彰这位科学泰斗的巨大贡献。

1958 年 8 月的一天，时任二机部（核工业部）副部长的钱三强，对一个 34 岁的青年人说：“中国要放一个‘大炮仗’，要调你去参加这项工作。”这个‘大炮仗’，指的就是原子弹。而这位青年人接到钱三强交与的任务后，就消失在亲戚朋友的视线里，开始了长达 28 年隐姓埋名的生活。同时，这个人，也和中国的第一颗原子弹，和中国从无到有的核武器的发展紧紧地联系在了一起。直到 1986 年 6 月的一天，他的名字突然同时出现在全国各大媒体的报道中。一个埋藏了 28 年的秘密才随之浮出水面。这个人就是邓稼先，我国第一颗原子弹及氢弹的理论设计负责人，核武器研制工作的奠基者和领导者之一。

(2) 邓稼先

邓稼先（1924—1986），出生于安徽省怀宁县。1941 年，考入西南联大物理系，1946 年，毕业后受聘到北大物理系当助教。1948 年 10 月，他赴美国普渡大学留学，1950 年，获物理学博士学位，之后回国，在中科院近代物理研究所默默地工作了近 8 年，直到 1958 年 8 月，钱三强交给他任务的那一天。

邓稼先

当时，在中国共进行的 45 次核试验中，邓稼先参加过 32 次，其中有 15 次都由他亲自在现场指挥。28 年的默默无闻，隐藏着不为人知的艰辛，换来的是中国在世界上应有的大国地位。邓稼先在一次实验中，受到核辐射影响，得了直肠癌，1986 年 7 月 29 日，邓稼先在北京逝世。这之后，“两弹”解密，媒体大张旗鼓宣传，邓稼先的名字才被世人所知。

王淦昌

(3) 王淦昌

王淦昌（1907—1998），出生于江苏常熟。1929 年，毕业于清华大学物理系；1930 年，入德国柏林大学；1933 年，获博士学位；1934 年 4 月回国。先后在山东大学、浙江大学任教授。1950 年 4 月，王淦昌应钱三强的邀请，到新成立的中国科学院近代物理研究所任研究员。1956 年秋天，他作为中国的代表，到苏联杜布纳联合原子核研究所担任高级研究员，后来又担任副所长，并且亲自领导一个实验小组，开展高能实验物理的研究。

当时苏联撤走原子弹研究专家时，一位友好的苏联专家离开前，曾安慰中国专家说："我们走了不要紧，你们还有王淦昌。"苏联专家撤离中国时，王淦昌正在苏联杜布纳联合原子核研究所从事基本粒子研究。1960 年 3 月，他领导的物理小组发现荷电反超子—反西格马负超子。这一发现震惊了世界，也使王淦昌在苏联名声大噪。

苏联专家撤走后，王淦昌成为中国研制原子弹的不二人选。1961 年 3 月，钱三强把刚刚回国的王淦昌调入他组织的研究团队中。从此，王淦昌从世界物理学界消失了，而中国的核研究基地多了一个化名王京的老头。有人向王淦昌的夫人打听，王淦昌到哪儿去了。他老伴儿幽默地说："调到信箱里去了！"因为她只知道王淦昌的一个信箱。1998 年 12 月 10 日，王淦昌在北京去世，也被授予中国"两弹一星功勋奖章"。

(4) 彭桓武

与王淦昌同时被请到研究团队中的还有著名物理学家彭桓武。彭桓武（1915—2007），1938 年留学英国，师从量子力学创始人之一的马克斯·波恩，美国的"原子弹之父"奥本海默就是彭桓武的同门师兄。1947 年，拿了两个博士学位的彭桓武回国执教。邓稼先、

2003 年 11 月 16 日，彭桓武（右二）出席中国科技馆“梦系太空——人类航天事业历程与成就”科普展览。图中右一为“两弹一星”元勋之一的朱光亚院士

黄祖洽等人，都是彭桓武的学生。

制造原子弹需要浓缩铀的提炼。从铀矿石里能提出的铀 -235 的含量只有千分之几。苏联单方面撕毁协议撤退专家后，受影响最大的是浓缩铀厂，因缺少关键材料氟油。上海有机化学所经过艰难探索，终于研究出自己的氟油，使得浓缩铀厂的机器能够运转。

1964 年初，兰州的铀浓缩工厂分离出了浓缩铀，但铀矿石中铀 -235 的含量只有 0.7%，通过非常复杂的抽炼过程才能得到纯度 90% 以上的铀 -235。钱三强选中了回国不久的女科学家王承书承担这一工作。

(5) 王承书

王承书（1912—1994），祖籍湖北武昌，生于上海。她从接到任务的那天起，其名字就从国际理论物理学界消失了，她告别了丈夫、孩子，背起行囊，来到大西北，在集体宿舍一住就是 20 年。1964 年 1 月 14 日 11 时 5 分，闸门打开，中国得到了纯度 90% 以上的浓缩铀 -235。

原子弹爆炸的现场观测，主要是中国科学院地球物理研究所、力学所、物理所、声学所、光机所等承担的任务，与核试验基地研究所共同商定各个类型的 15 项测量技术方案，都是我国自己制造的仪器，各所派技术骨干到现场参加核爆试验，全部按时完成了任务。到 1962 年底，科研人员基本掌握了以高浓铀为主要核装料的原子弹的物理规律，完成了物理设计和爆轰物理、核弹飞行弹道、引爆控制系统台架等三大关键试验。

当年在原子弹研究团队中，王淦昌主管爆轰实验，彭桓武主攻原理研究，力学方面的带头人却还没有人选。钱三强对力学领域的专家不太熟。他便去找中科院力学研究所所长钱学森商量。由于当时钱学森也在与时间赛跑，研制第一颗国产导弹——东风 -2 号，在无法分身的情况下推荐了他的挚友郭永怀。

(6) 郭永怀

郭永怀（1909—1968），山东荣成人。他与钱学森是同门师兄弟，两人都是著名物理学家冯·卡门的高足。1956 年，在钱学森回国一年后，郭永怀也冲破重重阻挠，从美国回到了祖国。回国前，他烧掉了自己十几年的手稿。王淦昌、彭桓武和郭永怀三名大科学家来到九所后，邓稼先激动地说，钱三强为九所请来了三尊“大菩萨”。

2014 年，中国邮政发行的一套纪念邮票，其中一枚为空气动力学家郭永怀

3. 新中国导弹专家

（1）钱学森

钱学森（1911—2009），生于上海，祖籍浙江省临安县。1929 年，考入上海交通大学，1935 年，进入美国麻省理工学院航空系学习，1936 年，转入美国加州理工学院，成为世界著名空气动力学教授冯·卡门的学生。回国前，他曾在美国从事空气动力学、火箭、导弹等领域的研究。1949 年，听说新中国成立后，钱学森辞去了美国国防部空军科学咨询团和美国海军炮火研究所顾问的职务，准备回国。当时，美国海军次长金布尔拍着桌子说：“钱学森无论走到哪里，都抵得上 5 个师，我宁可把他毙了，也不能让他离开美国。”为了阻止钱学森回国，美国政府在长岛软禁了他 5 年之久。1954 年，

钱学森

左：1964 年 10 月 16 日，新疆罗布泊上空巨大的蘑菇云翻滚而起，中国第一颗原子弹爆炸成功

右：1967 年 6 月 17 日上午，新疆罗布泊核试验场区，我国第一颗氢弹爆炸试验成功

在瑞士的日内瓦举行会议期间，中国政府释放了 11 名美国飞行员，才最终换回了钱学森。

1964 年 10 月，我国第一颗原子弹爆炸成功，中国核武器研制的步伐进一步加快，加强型原子弹和氢弹、导弹的研制，特别是“两弹”结合试验成为下一步工作的重点。导弹不仅是原子弹的运载工具，也是国防力量中不可缺少的重要武器。在钱学森的带领下，1960 年 11 月，短程弹道导弹“1059”成功发射；1964 年 7 月 9 日，“东风 -2 号”导弹成功发射。这一步走在了原子弹爆炸之前，也为发展战略核武器创造了有利的条件。

实现原子弹与导弹结合，并不是简单的事。这一艰巨的任务再次落在钱学森的肩上。1966 年 3 月，中央专委批准进行原子弹、导弹“两弹”结合飞行试验。1966 年 10 月 27 日 9 时，我国第一颗装有核弹头的地地导弹发射升空，导弹飞行正常，9 分 14 秒后，核弹头在预定的位置距发射场 894 千米之外的罗布泊弹着区靶心上空 569 米的高度爆炸，准确命中目标，试验获得圆满成功。

从原子弹爆炸成功到核导弹试验成功，美国用了 13 年，苏联用了 6 年，中国只用了 2 年。“两弹”结合飞行试验成功，使中国有了可用于实战的核导弹。这一年，我国组建了战略导弹部队——

人民日報 号外

1964年10月16日

加强国防建設的重大成就，对保卫世界和平的重大貢献

我国第一颗原子弹爆炸成功

我国政府发表声明，郑重建议召开世界各国首脑会议，讨论全面禁止和彻底销毁核武器问题。

1964 年 10 月 16 日，《人民日报》号外：我国第一颗原子弹爆炸成功

第二炮兵。

1967 年 6 月 17 日，中国第一颗氢弹空爆试验成功。从第一颗原子弹爆炸到大当量氢弹爆炸，美国用了 7 年 3 个月，苏联用了 6 年 3 个月，英国用了 5 年 6 个月，落在中国之后试验氢弹的法国则用了 8 年 6 个月。而我国只用了 2 年 8 个月的时间，便以世界上最快的速度完成了从原子弹到氢弹两个发展阶段质的跨越。

（2）黄纬禄

黄纬禄（1916—2011），生于安徽芜湖。1940 年，毕业于中央大学（现南京大学）电机系，1947 年，获伦敦大学无线电硕士学位。黄纬禄在英国完成学业后当即回国，并抱定“科学救国”志向，开始在上海无线电研究所从事相关工作。从 1957 年进入刚刚成立一年的中国导弹研制机构——国防部五院，到 2011 年 11 月溘然辞世，黄纬禄以一腔爱国情怀和全部心血智慧，书写了壮美的“导弹人生”。早在英伦求学期间，他就目睹了德国“V-1”“V-2”导弹

工作中的黄纬禄

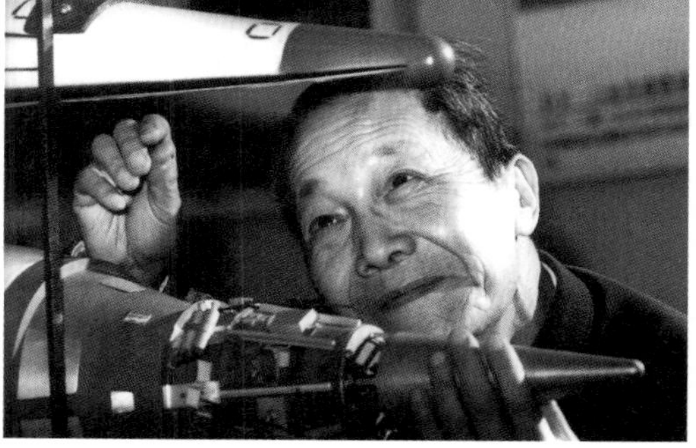

袭击伦敦的巨大威力并幸运地躲过劫难，还在伦敦博物馆参观过一枚货真价实的“V-2”导弹实物。通过仔细观察和分析，这位无线电专业学子基本了解了“V-2”导弹的原理，成为最早一批接触导弹的中国人，也为他后来与导弹相伴、参加并主持多种不同型号导弹的研制奠定了重要基础。

20 世纪 50 年代，中国导弹研制从仿制开始起步。正当仿制工作进入关键时刻，苏联单方面撕毁协议，撤走全部专家，给中国导弹科研工作造成无法想象的困难。黄纬禄与同事们下定决心，一定要搞出中国自己的“争气弹”。

20 世纪 60 年代，中国已先后研制成功原子弹和液体地地战略导弹，但液体导弹准备时间长且机动隐蔽性差，缺乏二次核打击能力。面临超级大国的核威胁和核讹诈，中国亟需有效的反制手段，研制从潜艇发射的潜地固体战略导弹势在必行。

黄纬禄临危受命，出任中国第一枚固体潜地战略导弹“巨浪一号”的总设计师。他的工作也由此产生重大转变：从液体火箭转向固体火箭，从地地火箭转向潜地火箭、从控制系统走向火箭总体。黄纬禄率领“巨浪一号”年轻的研制团队，向困难发起挑战，克服研制起点高、技术难度大、既无资料和图纸又无仿制样品、缺乏预先研究等诸多困难，充分利用现有资源，创造性地开展大量各类试验，反复修正设计。为准确掌握具体情况，他带领团队走遍祖国大江南北、黄河上下、大漠荒原和戈壁深处，开创性地提出符合国情且具中国特色的“台、筒、艇”三步发射试验程序，大大简化试验设施，大量节约了研制经费和时间，取得中国固体导弹技术和潜射技术的重大突破。

1999 年 9 月 18 日，黄纬禄荣获“两弹一星功勋奖章”。

4. 首颗“人造地球卫星”上天与奠基人赵九章

1957 年 10 月 4 日，苏联成功发射了世界第一颗人造地球卫星“斯帕特尼克 1 号”，一时震惊世界。20 世纪 50 年代末，中国也将人造地球卫星研制列入了国家计划。

2014年，中国邮政发行的一套纪念邮票，其中一枚为大气物理学家赵九章

赵九章（1907—1968），浙江吴兴人（今湖州市吴兴区），出生于河南省开封市，中国人造卫星事业倡导者和奠基人。1933年，毕业于清华大学物理系，1935年，赴德国攻读气象学专业，1938年，获博士学位，同年回国。历任西南联大教授，中央研究院气象研究所所长。新中国成立后，赵九章任中国科学院地球物理所所长、卫星设计院院长，中国气象学会理事长和中国地球物理学会理事长。

从1957年起，赵九章积极倡议发展中国自己的人造地球卫星。1958年8月，中国科学院将研制人造地球卫星列为重点任务。为此，中国科学院成立人造地球卫星研制组，赵九章成为主要负责人。在他的领导下，我国科学家和工程师开创了利用气象火箭和探空火箭进行高空探测的研究，探索了卫星发展方向，筹建了环境模拟实验室和开展遥测、跟踪技术研究，组建了空间科学技术队伍。

中国第一颗人造地球卫星“东方红一号”

1958年10月，由赵九章、卫一清、杨嘉墀、钱骥等组成的“高空大气物理代表团”到苏联考察，通过对比苏联和中国情况，考察团队意识到发射人造卫星是一项技术复杂、综合性很强的大工程。回国后，考察团建议根据实际情况，先从火箭探空做起。

由于缩短了战线，研制团队很快在探空火箭研制方面有了突破性进展。1960年2月，中国试验型

1970 年 4 月 24 日，“长征一号”火箭把“东方红一号”卫星送入太空。图为火箭发射时的控制台现场

液体探空火箭首次发射成功。此后，各种不同用途的探空火箭相继上天，有气象火箭、生物火箭等。1964 年 6 月，中国自行设计的第一枚中近程火箭发射成功，中国在卫星能源、卫星温度控制、卫星结构、卫星测试设备等方面都取得了单项研究成果。

1964 年 12 月，赵九章再次建议开展人造地球卫星的研制工作，钱学森也随之上书提出相同建议。1965 年 5 月，负责卫星总体组的钱骥，带领年轻的科技工作者很快便拿出了初步方案。人造地球卫星工程的研制工作，大部分都是在“文革”动乱的年月里进行的。在周恩来总理与聂荣臻副总理关心下，组建的中国空间技术研究院集中了分散在各部门的研究力量，实行统一领导，保证了科研和生产照常进行。

1970 年 4 月 24 日 21 时 35 分，中国第一颗人造地球卫星“东方红一号”随“长征一号”运载火箭在发动机的轰鸣中离开了发射台，顺利进入轨道，并清晰地播送出“东方红”乐曲。

中国第一颗人造地球卫星的成功升空，不仅反映出中国科学家和工程师们的志向和能力，也从此拉开了中国空间科学和空间工程的序幕。1971 年 3 月 3 日，“长征一号”运载火箭发射“实践一号”科学试验卫星获得成功。1975 年 8 月 26 日，中国用“长征二号”运载火箭首次发射成功返回式遥感卫星，该卫星于当月 29 日按预定计划返回地面。1977 年 9 月 18 日，中国首枚试验通信卫星发射成功。

5.“两弹一星”功勋

“两弹一星”，是对核弹、导弹和人造地球卫星的简称。作为新中国改革开放前三十年科技发展的标志性事件，“两弹一星”也时常被用来泛指中国那个时期在科技、军事等领域独立自主、团结协作、创业发展的系列成果。“两弹一星”的成功，对于我国巩固国防，打破超级大国的核垄断和核威胁，提高国际地位具有重要意义。

“两弹一星”培养和造就了一支高水平和作风优良的科技队伍，塑造了具有“热爱祖国、无私奉献，自力更生、艰苦奋斗，大力协同、勇于攀登”等民族精神的科学家。1999 年 9 月 18 日，在庆祝中华人民共和国成立 50 周年之际，党中央、国务院、中央军委决定，对当年为研制“两弹一星”做出突出贡献的 23 位科技专家予以表彰，并授予他们“两弹一星功勋奖章”。这 23 位获奖的科技专家是（按姓氏笔画为序）：于敏、王大珩、王希季、王淦昌、邓稼先、朱光亚、任新民、孙家栋、杨嘉墀、吴自良、陈芳允、陈能宽、周光召、赵九章、姚桐斌、钱三强、钱学森、钱骥、郭永怀、黄纬禄、屠守锷、彭桓武、程开甲。

三、新中国的信息技术工程师

1. 无线电技术的开拓者

中国的电子信息产业诞生于20世纪20年代。1929年10月，国民政府军政部在南京建立“电信机械修造总厂”，之后又组建了“中央无线电器材有限公司”“南京雷达研究所”等研究生产单位。

新中国建立后，电子工业的发展受到极大重视。中央人民政府人民革命军事委员会成立电讯总局，接管了官僚资本遗留下来的11个无线电企业，并与原革命根据地的无线电器材修配厂合并，恢复了生产。1950年10月，中国政务院决定在重工业部设立电信工业局。1963年，第四机械工业部成立，专属中国国防工业序列，标志着中国电子信息产业成为独立的工业部门。

新中国无线电工程技术领域涌现了大批的开拓和发展者，其中著名的工程师有罗沛霖、张恩虬、叶培大、吴佑寿等人。

罗沛霖在德国柏林期间的留影

罗沛霖（1913—2011），浙江山阴（今绍兴）人。1935年，毕业于国立交通大学（今上海交通大学的前身）电机工程系。之后，罗沛霖在广西南宁无线电工厂和上海中国无线电业公司参加大型无线电发射机等的设计研制工作。1937年8月，日军进攻上海，12月南京陷落。在这民族危亡的关头，罗沛霖认识到只有中国共产党才能救中国。于是，他在进步同学的影响下，奔赴革命圣地延安。1938年3月，罗沛霖进入中央军委第三局，他参与创建了边区第一个通信器材厂，即延安（盐店子）通信材料厂，任工程师，主持技术和生产工作。

1939年，罗沛霖按党组织决定来到重庆。在以后的九年中，历任重庆上川实业公司、新机电公司、中国兴业公司、重庆国民政府资源委员会中央无线电厂重庆分厂及天津无线电厂工程师、设计课课长等职。新中国成立后，1951—1953年，罗沛霖主持创建华北无线电器材厂，这是我国第一个大型综合电子元件联合工厂，为我国电子工业的自力更生和电子设备生产配套打下基础。罗沛霖对雷达检测理论、计算机运算单元及电机电器等有创造性发现。他主持制订多次电子科学技术发展规划，并指导过我国第一部超远程雷达和第一代系列计算机启动研制工作。

1956年，在毛泽东主席和周恩来总理的号召下，我国开始向科学大进军，提出“十二年科学规划”。罗沛霖任电子学组副组长，提出“发展电子学紧急措施”的建议书，与教育部黄辛白共同拟出电子科学技术培养高等人才建立科系的五年规划，在这个重大历史事件中做出了重要贡献。1958年，罗沛霖在中科院电子所参与研制超远程雷达，这是“十二年科学规划”在电子领域启动的第一个重大科研项目。罗沛霖是项目负责人之一，他对国际上正在发展的各种新材料和新器件早已熟悉，结合实际提出采用“门波积累”来解决问题，研制出我国第一部超远程雷达，使中国在继美国之后，成功观测到月球回波。该项计划迭经磨难，终于在南京电子技术研究所的努力下于20世纪70年代建成，并服役于我国的卫星监测网。

1973年，以清华大学为组长单位的全国计算机联合组成立，由罗沛霖主持，旨在研制我国最早的通用计算机。DJS-130（DJS-100为小型通用计算机系列）的CPU和其他部件（包括磁芯存储器）均由我国自主设计生产，这和罗沛霖的精心指导是分不开的。DJS-100系列批量生产后，罗沛霖十分关心其应用，他亲自带领清华大学计算机系教师，到应用单位推广DJS-130。此后，罗沛霖不失时机地提出微处理器、光纤、光盘，这是20世纪80年代中国发展电子工业的3个重要的新增长点。

1980年，罗沛霖当选为中国科学院学部委员（院士）。2011年4月17日，罗沛霖在北京逝世，享年98岁。

张恩虬（1916—1990），广东省广州人。1938年，毕业于清华大学。中国科学院电子学研究所研究员。20世纪50年代中期，中国电子管制造工业开始起步。张恩虬响应党和国家发展科学事业的号召，放弃了南方家乡的舒适生活，北上长春，先后在东北科学研究所和中国科学院机械电机研究所任副研究员，致力于电真空器件的研制。他与所领导的科研小组成员，克服极其艰苦的工作条件，因陋就简，修旧利废，利用原有的破旧器材，制造出“80”“5Y3GT”“12A”“12F”“47B”管等电子管，并于1954年研制成功了中国第一支实验型示波管，在当时情况下，对相关科学技术的发展起到了雪中送炭的作用。

1960年，为解决脉冲磁控管稳定性问题，张恩虬多次深入工厂和雷达站，详细考查磁控管的生产和使用状况，采用厂所协作的形式进行了一系列实验，为磁控管生产成品率的提高，提供了大量有用的数据，解决了国际上磁控管工作中长期存在的理论问题。

张恩虬长期从事阴极电子学研究，1984年，张恩虬提出阴极表面动态发射中心理论，并被越来越多的人所承认，有力地促进了这一学科的发展。在此理论的启示下，中国科学院电子学研究所研制出许多新型的实用热阴极，并得到了广泛的应用，在科研、生产和国防上发挥了重要的作用。他在研究如何延长磁控管寿命的同时，还阐明了磁控管的工作原理，解决了国际上长期存在的问题。1980当选为中国科学院学部委员（院士）。

叶培大

叶培大（1915—2011），上海南汇县（今浦东新区）人。1933年高中毕业后，进入上海私立大同大学物理系，次年考入国立北洋工学院电机系。卢沟桥事变后不久，北洋工学院迁至陕西城固，与北平大学、北平师范大学在西安共同成立了西北联合大学。1938年8月，叶培大以专业第一的优秀成绩毕业于西北联合大学工学院，并留本校电机工程系任教。

1947至1949年间，叶培大主持设计、安装和测试了我国第一部100千瓦大功率广播发射机、当时全国最大的菱形天线网及南京淮海路广播大厦。新中国成立后，叶培大在天津大学任教，期间凭借多年在广播电台从事实际工作的经验，协助改进当时双桥广播发射台，协助设计、安装、测试天安门广播扩音系统，主持省级广播电台播音大厦标准设计等，为恢复新中国的广播事业做出了重要贡献。

1955 年，叶培大主持研制微波收发信机，获得成功。他在国内率先研究微波通信，1958 年，与中国科学院合作研究“毫米波圆波导 H01 通信系统”，发表论文多篇，如《波导 H01 通信调制方式研究》《H01 圆波导远距离传输理论》《微波中继圆波导馈线》《同轴波导不连续性理论的两点补充》等。

1964 年，叶培大又与中国科学院电子学研究所合作，在国内首先研究大气光通信，并在北京、上海等地成功进行了大气光通信实验。“文革”开始后，叶培大的科研工作被迫中断了 8 年。1974 年，叶培大参加邮电部 960 路微波中继Ⅱ型机的研制工作，克服种种困难，在国内首次研制出微波波导校相器、微波波导直接耦合滤波器及微波分并路器等，为提高 960 路微波中继 II 型机的质量做出了重要贡献。这项科研成果获 1978 年全国科学大会奖（集体）。此外，他还设计了 120 路数字微波系统，并在该系统设计、研制工作的基础上，合著出版了《数字微波通信系统及计算机辅助设计》。该书的出版，适应了微波通信制式数字化和系统设计普遍采用计算机辅助手段的发展趋势，为我国微波通信的发展做出了贡献。

1978 年，叶培大恢复光通信研究工作后，及时开展了“相干光纤通信系统的研究”这一具有战略意义的世界性前沿课题，组织攻关，带动了全国的光通信研究工作。1978 年以来，在相干光纤通信系统、单频可调谐半导体激光器、多模光纤通信系统中的模式噪声、单模光纤通信系统中的极化噪声、模式分配噪声、光纤非线性、光孤子通信等方面，取得了一系列的成果。1980 年，当选为中国科学院学部委员（院士）。

为跟踪世界通信先进技术，早日实现我国邮电通信现代化，叶培大曾多次在全国政协会议上，提议开展通信前沿技术的研究。经

吴佑寿

国家科委批准，“863”通信高技术战略研究组成立，叶培大任专家组组长。经过专家组半年多时间的调研和反复论证，“863”通信高技术研究课题于1991年正式立项。

吴佑寿（1925—2015），祖籍广东潮州，出生于泰国，1939年去香港就读中学。我国数字通信技术的奠基人和开拓者之一，数字通信和数据传输、数字信号处理和模式识别领域的领军人。日军侵华期间，港九沦陷，他报国之心弥切，返回内地。1944年，他辗转周折，考入西南联大电机系，并于抗战胜利后，随清华大学返迁北平。1948年9月，毕业于清华大学电机系。他放弃出国深造机会，留校工作，为清华大学奉献了一生。

20世纪50年代，清华大学建立无线电工程系，吴佑寿全面负责并参与相关学科的创建工作。他率领平均年龄只有20多岁的科研团队，攻克一个个难关，实现了中国数字通信进程的一次次创新：1958年，研制成中国第一部话音数字化终端；20世纪60年代研制的SCA型数传设备用于中国第一颗人造卫星的发射监测系统；1978年，研制的32/120路全固态微波数字电话接力系统，用于卫星通信等系统；80年代初，研制成功国内第一台TJ — 82图像计算机；90年代，在国内外首次实现能识别6 763个印刷汉字的实验系统，随后解决了印刷汉字自动输入计算机的问题；21世纪初，研制成的我国强制性地面数字电视广播传输系统DMB-T，为创立数字电视传输“中国标准”奠定了基础。在吴佑寿先生和众多清华电子人的不懈努力下，清华的通信工程学科数十年来一直在全国高校中名列前茅，众多科研成果达到甚至领先国际先进水平。

朱物华（1902—1988），江苏扬州人，无线电电子学家。20世纪30年代中期，朱物华针对韦伯和迪托尔等关于有限段终端无损耗低通滤波器瞬流计算的局限，首次提出了终端有损耗的T形低通与高通滤波器瞬流计算公式，在当时十分简陋的实验条件下，创造性地拍摄了直流与交流场合下的瞬流图，取得了实验数据与理论计算相符的好结果。

20 世纪 40 年代中期，朱物华在国内大学任教时，指导研究生完成“电子枪式磁控管分析与设计”课题，旨在解决阴极烧毁问题，开辟了新的研究方向。新中国成立后，朱物华根据电力线路上测试的噪声频谱密度数据，提出相对功率谱密度和逐段积分的计算方法，揭示出使电力线路传输较高频率的载波信号不致降低信噪比的内在关系。他还提出了计及电感分布电容来选取电路参数和提高滤波器性能的新设计方法，为中国电力工业的发展做出了重要贡献。

2. 半导体和微电子技术的先驱

王守觉（1925—2016），祖籍江苏苏州，生于上海。中国科学院院士，半导体电子学家。1949 年毕业于同济大学。1957 年至 1958 年，王守觉被派往苏联科学院列宁格勒列别捷夫研究所进修，并和当地的科学家一道工作，在研制锗扩散型三极管中取得了很好的成绩。1958 年 4 月回国，王守觉开始从事半导体器件和微电子学的研究，参与并主持了锗高频晶体管的开创性研制任务，于 1958 年 9 月，成功研制了截止频率超过 200 兆赫的我国第一只锗合金扩散高频晶体管，截止频率比当时国内研制的锗合金结晶体管提高了 100 倍以上。在这个科研成果的基础上，并在国家对研制高速电子计算机急需高频晶体管的推动下，王守觉率领生产队伍，进行了小批量试制，为我国核工业急需的首台晶体管高速计算机——“109”乙机提供了半导体器件。

王守觉

1961 年，王守觉获悉美国发明硅平面器件与固体电路的信息后，观察力敏锐、处事果断的他，毅然决定终止正在进行并取得了一定成果的硅台面管的研制工作，立即集中力量转而投入对硅平面工艺的探索。1963 年底，他完成了国防部门五种硅平面器件的研制任务，产品在全国新产品展览会上被评为全国工业新产品奖一等奖，次年获国家科委首次颁发的创造发明奖一等奖，并为我国在“两弹一星”研究工作中做出重大贡献的“109”丙机提供了器件基础。

“文革”结束后，王守觉对逻辑电路的工艺与速度问题进行了深入的思考，于1977年，大胆地提出了一种新的多元逻辑电路的设想。同时，他还提出了一种使电路电容在同样工艺水平下，降到最低点的创新电路结构——双极型集成电路，其主要基本单元就是一种高速线性“与或”门。

1978年，王守觉发表了《一种新的高速集成逻辑电路——多元逻辑电路（DYL）》一文，在国际上最早提出并实现了逻辑电子连续变化的集成电路。它的逻辑功能与国外在20世纪80年代发表的模糊逻辑电路相同，比日本最早发表的集成模糊逻辑电路论文早两年。1979年，多元逻辑电路通过鉴定并获中国科学院重大科技成果奖一等奖。该电路的成功研制，为我国高速双极型中大规模集成电路的发展开辟了一条可能的新途径。

此后，王守觉进一步拓展多元逻辑电路的研究，1986年，发表了《连续逻辑为电子线路与系统提供的新手段》等理论研究结果，又研发了DYL12×12位高速数码乘法器、多元逻辑8位高速数—模（D/A）转换器，其性能均达到了国际先进水平。多元逻辑电路在我国集成电路的发展进程中占据着重要地位，标志着我国集成电路的设计水平跻身于世界先进行列。

为了实现中国科技的弯道超车任务，王守觉认为，应该关注世界性的技术难题，而不是简单地研究国外已经成熟的技术领域，所以，从1991年起，他就开始关注人工神经网络这一人工智能领域，承担了“八五”科技攻关课题“人工神经网络的硬件化实现”，代表性成果是一台小型神经计算机——“预言神一号”。2000年，王守觉在“九五”科技攻关项目“半导体神经网络技术及其应用”项目的支持下，成功地研制出双权矢量硬件“预言神二号”，并用于实物模型的识别，达到了很好的效果。随后，王守觉进一步研制了CASSANN-III和CASSANN-IV预言神系列计算机和通用神经网络处理机——Hopfield网络硬件。

李志坚

2016年6月3日，王守觉在苏州逝世，享年91岁。

李志坚（1928—2011），浙江宁波人，我国集成电路研究的先驱。1951年毕业于浙江大学物理系后，赴苏联列宁格勒大学攻读副博士学位。他的导师、苏联科学院院士列比捷夫要求他用两年时间补习量子力学、固体物理等基础理论，而他仅用半年时间就通过了这些课程，提前一年半进入了研究课题——薄膜电导和光电导机理及器件研究。1958年博士毕业时，李志坚已能够自行设计、制造真空度达 10^{-10} 托（1托 =1/760大气压）的全玻璃真空系统，他改进的小电流测量设备可测到 10^{-15}A数量级（1A=0.1纳米），在当时均属国际最高水平。他还提出了多晶膜晶粒间电子势垒模型。

1958年初回国后，李志坚立即投入到清华大学半导体专业的创建，建成了国内工科大学第一个半导体实验室。在国际上半导体器件尚以锗为主导的情况下，他的团队毅然确定以硅技术为研究方向，并很快地在超纯硅提炼、硅单晶拉制、硅晶体管研制等方面，取得了处于国内先进水平的成果。

1963年，李志坚的团队研究高反压平面型晶体管也很成功，掌握了硅平面工艺，仅落后美国3~4年便开始了集成电路的研究。1976年后，李志坚恢复了学术领导职务，集中力量研究MOS集成电路：加强MOS工艺线建设，开展MOS物理和器件、IC CAD和LSI设计、测试等系列研究，取得显著成果，使清华大学成为国家大规模集成电路研究开发的重要基地之一。

1980年，在国家支持下，清华大学建成了3微米MOS LSI工艺线并成立了微电子所，李志坚历任副所长、所长。在“六五”“七五”国家科技攻关计划中，独立自主地开发出全套3微米MOS集成电路工艺，并研制出16K位SRAM，8位、16位CPU等一系列大规模集成电路芯片；“八五”攻关中，又建成了我国第一条1微米至1.5微米CMOS VLSI工艺线，开发出相应的整套工艺流程，研制成功1兆位汉字ROM，使我国集成电路进入VLSI阶段。这些成果基本上代表了当时我国微电子技术的先进水平。

在进行大量研制开发的同时，李志坚十分重视基础性和前瞻性微电子科技的研究，认为这是培养高水平人才所必需，也为加速研发工作打好基础，而前瞻性研究的关键是选好课题、勇于创新。所以，他长期重视 MOS 界面物理的研究，为 MOS 技术的开发提供了坚实的基础。20 世纪 80 年代初，EEPROM 器件物理的研究，直接促成了 1990 年初清华研制的“中华第一（IC）卡”。

20 世纪 80 年代末 90 年代初，李志坚向国家自然科学基金委提出并获得重大项目资助，开创微电子系统集成技术的研究，并先后研究出微马达等一系列 MEMS 器件，神经网络、语音处理等多种 SOC 芯片，取得了一批美国专利。他被公认为我国 MEMS 和 SOC 技术研究的先驱者。

李志坚长期在高等学校任教，培养了许多微电子和其他方面的优秀人才，同时，获国家科技进步奖二等奖 2 项、国家发明奖二等奖 1 项、国家教委和电子部科技进步奖一等奖和二等奖 5 项，并获得 1997 年度陈嘉庚信息科学奖以及 2000 年何梁何利科技进步奖。

黄昆

黄昆（1919—2005），北京人，祖籍浙江嘉兴。国家最高科学技术奖获得者，中国半导体事业的奠基者。1941 年，毕业于燕京大学，1948 年，获英国布里斯托尔大学博士学位，1955 年，当选为中国科学院学部委员（院士）。

20 世纪 50 年代初，黄昆完成了两项开拓性的学术贡献。一项是，他提出著名的“黄方程”（晶体中声子与电磁波耦合振荡模式）和“声子极化激元”概念。另一项是，与后来成为他妻子的里斯（A. Rhys，中文名李爱扶）共同于 1950 年提出“黄—里斯理论”，即多声子的辐射和无辐射跃迁量子理论，至今仍是此领域研究者必引的经典。

20 世纪 60 年代初，国家开始重视基础研究工作，国家科学技术委员会出于中国科研长远发展的需要，决定设立一系列重点科学研究实验室。1962 年，在制定《1963—1972 年科学技术发展规划》期间，黄昆、谢希德等科学家建议开展固体能谱的基础研究工作。“固体能谱”被确定为国家重点基础研究实验基地。基地的启动则更是倾注了黄昆先生的全部心血，也使北大物理系半导体教研室的研究工作迈上了一个新的台阶。1977 年，黄昆先生调任中国科学院半导体研究所，任所长，为半导体所带来了重视基础理论研究的新风尚，培养和建立了理论与实验结合、学术气氛活跃的半导体物理研究群体。

2001 年，黄昆与其北大校友王选一同获得了该年度国家最高科学技术奖。2005 年 7 月 6 日，黄昆在北京逝世，享年 86 岁。

马祖光（1928—2003），出生于北京。20 世纪 80 年代初，根据国家教委统一规定，“激光”专业改名为“光电子技术”专业。1971 年，以强烈的事业心和使命感为动力，马祖光在国家没投一分钱，起步晚、起点低、物质条件差的情况下，开始创办中国的第一批光电子技术专业。为了尽快把激光技术推广出去，在搞理论研究的同时，他带领大家很快开始了应用研究，成功完成了许多激光民用项目。

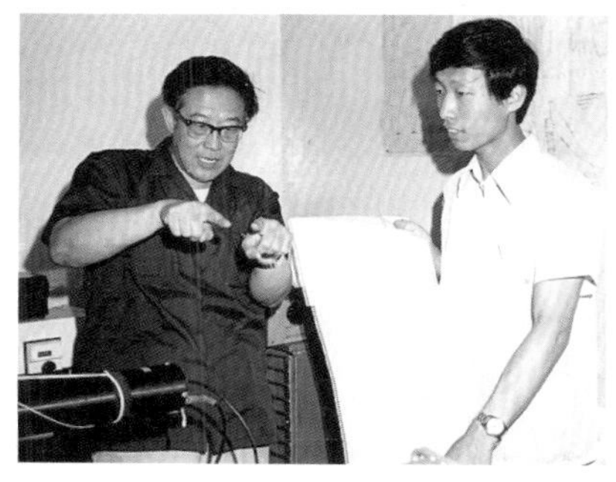
马祖光（左）指导博士生

1982 年，哈工大成立了激光研究室；1987 年，成立了“光电子技术研究所”；1993 年，依托光电子技术所建立了“航天工业总公司哈工大光电子技术开放实验室”；1994 年，经国防科工委批准，立项建立“可调谐激光技术国家级重点实验室”；1996 年 12 月正式通过验收。马祖光以“为航天光电子技术发展做贡献”为主导思想，建成了一个国际一流的实验基地。

作为国内外激光领域的知名学者，马祖光长期从事激光介质光谱、可调谐激光、非线性光学及应用研究，取得一系列创新性成果，使我国新激光介质及可调谐激光研究在国际上具有相当大的影响。

3. 信息技术在石油勘测应用的专家——马在田

马在田

马在田（1930—2011），辽宁法库县人，地质学专家，信息技术与地质学结合的开拓者，在反射地震学方法等方面提出了许多独创性的原理和技术，对中国地震勘探和石油勘探事业的发展做出了重要贡献。1950年，毕业于东北实验中学并考入东北大学建筑系，1952年，经国家选派赴苏联列宁格勒矿业学院留学，转学地球物理勘探，1957年毕业。回国后，马在田先后在石油工业部华北石油会战指挥部、胜利石油管理局、四川石油管理局和石油地球物理勘探局等单位工作，历任华北石油会战指挥部研究队队长、四川石油管理局地质调查处研究队队长、石油地球物理勘探局研究院方法室主任等职。

1985年，马在田调入同济大学任教，1991年，当选为中国科学院学部委员（院士）。历任上海市科学技术协会副主席、同济大学图书馆馆长、上海市地球物理学会理事长、上海市地球物理学会名誉理事长、同济大学海洋地质国家重点实验室学术委员会主任等。

20世纪60年代，马在田为我国华北石油勘探发现做出了重要贡献。华北石油勘探会战期间，他提出了有别于发现大庆油田的“解放波形”“突出标准地震反射层”的地震勘探方法，成为当时华北—渤海湾地区公认的地震勘探标志性成果，使我国地震勘探从以连续相位追踪为主的几何地震学，走向以波形振幅为主的运动学与动力学相结合的波动地震学时代。1961年，他领导的研究队根据地震构造图确定了胜利油田发现井——华8井，在此基础上又确定了新钻探井位，1962年9月23日，打出了日产千吨级的油井。

20世纪70年代，马在田主持我国首个地震勘探数据处理软件系统的研发，打破了西方国家对我国石油勘探技术的封锁，对我国大规模地震勘探新技术研发和先进装备引进工作起到了重要的促进作用。1973 年，石油工业部地球物理勘探局成立计算中心，马在田担任计算中心方法程序室主任，负责领导地震资料处理系统的研发，经过三年多的奋斗，不仅用自主研发的地震处理系统成功地处理出了第一条国产“争气地震剖面”，更自主培养了我国第一批石油工业界使用数字电子计算机的地球物理人才，打破了发达国家在大型计算机地震数字处理技术上的封锁，促进了当时“巴黎统筹委员会”对中国在石油勘探高技术方面出口的解禁。

20 世纪 80 年代初期，马在田瞄准当时勘探地球物理国际前沿问题，创造性地提出了高阶方程分裂偏移方法，成功解决了当时地震成像的关键问题，研究成果被国内外石油工业界广泛应用，在勘探地球物理界为我国赢得了国际声誉。同时，马在田积极推动我国三维地震勘探工作的开展，他的《三维地震勘探》是系统论述三维地震方法的重要著作。

20 世纪 80 年代中后期，马在田转入高等教育战线，调入同济大学海洋地质与应用地球物理系任教，将精力集中到教书育人、学科建设和国家重点实验室建设上。他培养了 100 多名研究生，很多已成为大学、科研院所及国内外著名企业的优秀人才。他领导并建立了同济大学地球物理学一级学科博士点，推动并形成了产学研结合、多学科交叉融合的研究特色。马在田在同济大学工作生活二十余年，为同济大学海洋与地球科学学科的发展做出了不可估量的贡献，他的身上深深体现了“同济精神”，他为人、为师、为学，也为同济精神注入了新的时代内涵。

马在田一生学术成就斐然，获得了多项奖励与荣誉称号。他在地震波成像方面的研究成果受到国际的广泛认可，“高阶方程分裂偏移方法”至今仍以“马氏方法”或“马氏系数”被国际广泛引用。《地震成像技术——有限差分法偏移》专著是国内反射地震学界公认的经典论著。

四、新中国的纺织工程师

1. 纺织技术与工程的发展

1949 年新中国成立时，纺织业总规模只相当于抗战前夕的水平，有棉纺 500 万锭、毛纺 13 万锭、缫丝 9 万绪和一批棉、毛、丝、麻纺织染整企业。虽然不多，但也成为新中国纺织发展的基础。经过三年的恢复调整，1952 年，纺织业产值占全国工业总产值的 27.5%，利税占 19.3%，固定资产年回收率高达 45.6%，成为新中国成立初期的支柱产业。

1951 年底，我国纺织机械工业成功依靠自己的力量制造出第一批成套棉纺织设备。1961 年初，我国第一批黏胶短纤维设备研究试制成功。1967 年，为配合第二汽车制造厂而建立的湖北化纤厂建成，标志着中国黏胶纤维的生产技术、科研、设计、设备制造及建设能力都达到了新的水平。

1970 年 7 月，原纺织工业部、第一轻工业部、第二轻工业部正式合并为轻工业部，钱之光出任部长。三部合并后，周恩来宣布："全国重点抓轻工，轻工重点抓纺织，纺织重点抓化纤。"我国在 1972 年 2 月中旬和 3 月初派考察组分别赴日本和西欧进行考察，以了解世界石油化工及化纤工业的技术情况，同时选择引进对象。

1972 年中期，由轻工业部副部长焦善民带领的工作组到全国各地，展开石油化工以及化纤大企业的选址工作。通过多方调查对比以及讨论，工作组最终决定在上海市的金山卫、辽宁省的辽阳市、四川省的长寿县、天津市的北大港四地建厂。之后，分别建成了上海石油化工总厂、辽阳石油化纤总厂、四川维尼纶厂、天津石油化纤厂。这四大石油化工项目的建成投产，使得我国的化纤产业提高到了一个新的层次。

2. 现代纺织科学技术先行者——陈维稷

陈维稷（1902—1984），生于安徽青阳县，15 岁考入复旦大学附属中学，毕业后进入复旦大学化学系学习。1925 年，考入英国利兹大学，学习染整专业。1928 年秋，陈维稷顺利从大学毕业，在德国实习一年后回国。回国之初，陈维稷怀着实业救国之心开办了一家小型针织厂。针织厂倒闭后，他应郑洪年校长的邀请，来到上海暨南大学任化学系教授。“一·二八”事变后，上海进入战争状态，陈维稷接受北平大学邀请，赴北平任职。半年后，随着上海的战事平息，他又回到上海暨南大学任教，同时被复旦大学化学系聘请为教授。后来相继又在南通学院以及江苏工业专科学校进行纺织专业教学与管理工作，这两所大学在中国纺织界都有着很大影响。

抗战胜利后，陈维稷任中国纺织建设公司第一印染厂厂长，1946 年成为总工程师，后又兼任上海交通大学纺织系主任。新中国成立后，陈维稷任纺织工业部副部长，分管科学技术、纤维检验、教育、出版、援外等工作。他在任 33 年直至 1982 年，在我国纺织教育体系的建立、纺织科技的发展、纺织援外工作的进行以及相关出版和纺织史推进等方面都发挥了重要的领导作用。

3. 制丝工业先行者——费达生

1982 年 1 月，费达生（左一）、费孝通（右二）等在开弦弓的清河码头

费达生（1903—2005），江苏吴江人，我国著名的蚕丝教育家。她自幼受到良好的家庭教育，6 岁入同里丽则女校，后转入吴江爱德女校。14 岁入江苏省立女子蚕业学校学习，受到蚕丝教育家郑辟疆的熏陶，在五四运动的影响下，她立志献身祖国蚕丝事业。

1920 年夏，费达生从女子蚕业学校毕业，经校长郑辟疆推荐赴日本学习蚕

桑和制丝，1921 年，考入东京高等蚕丝学校制丝科（东京农工大学前身）。1923 年毕业后，费达生回到母校，追随郑辟疆，在江苏省女子蚕业学习推广部工作，开始了她一边从事教学、科研，一边深入农村，推广科学养蚕制丝的事业。1924 年，费达生带领蚕业推广部，到濒临太湖的吴江县庙港乡开弦弓村，建立了第一个蚕业指导所。1925 年春，费达生接任女蚕校推广部主任，继续带领技术人员到开弦弓村指导养蚕。

费达生在日本学的是制丝技术，回国后她看到国内的丝厂设备陈旧，管理落后，生丝品质低劣，下定决心改革我国的制丝工业。1926 年，女蚕校蚕业推广部改为蚕丝推广部，仍由费达生任主任。她先在吴江县震泽镇进行土丝的改良，举办制丝传习所，研制出木制足踏丝车，改良丝的售价比土丝提高 1/4。1929 年 8 月，中国第一个农民合办的合作丝厂——开弦弓生丝精制运销合作社正式投入生产。

1930 年，女蚕校增设制丝科和制丝实习工厂，费达生任科主任和厂长。之后，无锡瑞纶丝厂业主同意将设在无锡玉祁镇的丝厂租给女蚕校推广部管理，进行技术改造。女蚕校将厂名改为玉祁制丝所，费达生任经理后，带领一批技术骨干进厂工作，该厂“金锚牌”生丝在国际市场上获得畅销。

玉祁制丝所技术改造的成功，在江浙一带制丝业中产生了很大影响，推动了制丝技术的改进。此后，女蚕校推广部在吴江平望创办了平望制丝所，又租借吴江震丰丝厂改为震泽制丝所，费达生身兼三厂经理。这三个制丝所还与周围蚕业合作社建立了代烘、代缫业务联系，使绸厂获得优质的原料，也提高了蚕农的经济收入。这种经营方式以农村劳动力为基础，不仅有利于农村经济，且于国家、地方经济大有裨益，是振兴蚕丝业的道路之一。直到现在，蚕丝业仍是吴江县的支柱产业，在农村既有深厚的蚕桑基地，又有布局合理的乡镇缫丝厂。吴江县丝绸产品的出口和内销，均为全国之冠。

1935 年，费达生的胞弟、社会学家费孝通教授来开弦弓村休养，他被生丝精制运销合作社所吸引，进行了为期一个多月的社会调查，写出了《江村经济》这一著名的调查报告。费孝通教授由此提出发展乡土工业的主张，在国内外产生了很大影响。

1937 年，抗战全面爆发，女蚕校、蚕丝专科学校校舍，以及校办制丝实验厂大部被毁，开弦弓村生丝精制合作社及震泽、平望、玉祁制丝所都焚烧殆尽，令人万分痛心。1938 年，费达生与一部分技术人员辗转跋涉到四川重庆。在四川，她把散居各地的师生、校友集中起来，创造复校条件，并发展蚕丝生产支援抗日战争。她建立蚕种场，指导科学养蚕，并改造旧式丝厂，改进土法缫丝。创办大后方唯一的蚕丝学术刊物——《蚕丝月报》，并发表《我们在农村建设中的经验》《复兴蚕丝业的先声》和《浅谈桑蚕丝绸系统工程》等文章。抗战胜利后，费达生等回到江苏，受中国蚕丝公司委托，协助接收日商苏州瑞纶丝厂，将该厂改名为苏州第一丝厂。

新中国成立初期，费达生在中国蚕丝公司任技术室副主任，以蚕校实验丝厂为基地，向全国推广制丝新技术，带动了各厂的技术革新和增产节约运动。1956 年，她在江苏省丝绸工业局任副局长，主持制订了“立缫工作法”，向各地推广。1958 年，她任苏州丝绸工业专科学校副校长，1961 年，任苏州丝绸工学院副院长，主持把日本定粒式缫丝机改为定纤式缫丝机，提高了工效。在此基础上，又组织联合攻关，于 1962 年试制成功 D101 型定纤式自动缫丝机。这是中国第一台自行设计的自动缫丝机，经纺织工业部定型鉴定，推广到全国十多个省市。

费达生长期从事丝绸教育事业和管理工作，是我国早期采取近代科学育蚕方法、创办合作化制丝工厂的先行者之一，为改良蚕种、推广蚕丝新技术、革新缫丝机械和发展丝绸教育事业做出了卓越贡献。她从女蚕校做学生开始，深入农村，改良蚕种，推广科学养蚕，改进缫丝技术，奋斗终身，被誉为“当代黄道婆”。

4. 纤维科学的开拓者——钱宝钧

钱宝钧（1907—1996），江苏无锡人，是我国著名的纤维科学家、教育家，中国化纤工业、纤维高分子科学的开拓者，中国化学纤维专业教育的奠基人之一。

钱宝钧早年在金陵大学专攻工业化学，1929年，获理学学士学位。1935年，被录取为英庚款公费留学生，1937年，获英国曼彻斯特理工学院理工硕士学位。归国后，历任金陵大学理学院助教、讲师、教授、系主任；华东纺织工程学院系主任、教务长、副院长；中国纺织大学（现东华大学）名誉校长、教授。

新中国成立后，钱宝钧根据我国棉花和羊毛资源长期不足、需依赖进口的现状，提出了迅速发展化纤工业的主张，受到了有关方面领导的重视。同时，他自己也投入到黏胶纤维的研究工作，在我国首先研制成功以棉绒浆作为黏胶纤维的新原料，并阐明了纤维素吸铁的基本原理，从而为我国大规模生产棉绒浆准备了必要的条件。以后，他又摸索出一套适合我国实际的“五合机”生产黏胶工艺，并带领年轻教师下厂实验，从而推动了上海小化纤工业的发展。在此基础上，钱宝钧又进一步与同行单位一起进行了二超强力黏胶帘子线的研究，为我国自行筹建第一家年产万吨的襄樊黏胶帘子线厂解决了部分技术和工艺上的困难。

从20世纪60年代后期开始，钱宝钧了解到国际上化纤业发展的前沿，科研工作的重点开始从对纤维素的研究转向对合成纤维，特别是腈纶纤维的研究，并深入研究腈纶纤维的热机械性。为此，他决定创制一种纤维热机械分析的专用仪器。当时正值“文革”期间，钱宝钧顽强地顶着种种压力，克服困难从事各种试验。以后，他又同一位回沪知青一起，独立自主地创造了一种新型的纤维热机械分析专用仪器（1976年以扭力天平为测力机构的第I型，1983年改进为用电子分析天平为测力机构的、自动化程度较高的第II型）。这种仪器可用于连续测定在升温过程中干态和溶胀状态纤维的热收缩、热收缩应力，也能直接测定收缩模量和拉伸模量，在国际上为首创。

钱宝钧研制成功的新型纤维热机械分析专用仪，为他深入进行纤维织态结构的研究提供了重要的测试手段。从1979年至1987年，他先后撰写20余篇论文，在国内外相关学术期刊上发表，并在北京中美双边高分子讨论会、奥地利唐平第廿三届国际化学纤维会议和在美国阿克隆、加拿大蒙特利尔、德国斯图加特等地召开的第一、二、三届国际聚合物加工会议上做了报告。

5. 新疆纺织工业的奠基人——侯汉民

侯汉民（1921—2000），上海人，从小读私塾，9 岁进入上海工部局华童公学读书，18 岁中学毕业。1939 年，就读于南通学院纺织工程系，同年进入上海申新二厂实习。1943 年，毕业后在其父所在的上海永安线厂任技术员。抗战胜利后，到上海第六棉纺织厂任技术员。1948 年，被派往中纺公司参加成本训练班学习，学习期满后留在该公司从事成本分析工作。在此期间，受邀担任过上海职专纺织技术课教师。新中国成立前，侯汉民返回棉纺织厂做试验工作，1950 年，该厂建立计划科，他出任第一任计划科科长。1951 年，响应中央支援边疆的号召，到新疆创办纺织企业。

新疆虽有丰富的棉花资源，但在新中国成立初期纺织工业几乎是空白，只有几家手工作坊，棉布要从苏联进口。包括侯汉民在内的各地专业人士赴新疆参加建设以来，从 1951 年 6 月到 1952 年 7 月 1 日，短短 13 个月时间，一座现代化的纺织厂——新疆七一棉纺织厂在乌鲁木齐水磨沟落成并开工投产了。七一棉纺织厂的建成，为新疆纺织工业的发展奠定了基础。1952 年，侯汉民在全厂评比中荣获三等功臣，成为新疆现代纺织企业的开创者之一。

建厂时，组织上把基建计划的重任交给侯汉民。当时，所选厂址、工艺图纸、设备选型都无正规文件资料，建设图纸仅靠示意图。侯汉民克服困难，组织人员完成设计图纸，解决水、电、汽、工艺设计、空调、除尘、供热等问题，并且顺利完成了订购设备等各项任务。在生产上，为使企业尽快走上正轨，他亲自制订劳动工资（工资分改为实发工资）、生产计划、技术指标、财务制度、材料管理方面的管理制度，共约 40 项。1953 年，该厂生产能力达到了上海纺织厂的平均水平，被誉为新疆最佳生产管理企业之一。1954 年，侯汉民在企业推行作业计划，使管理更为科学合理，在全国八大指标评比中与东北瓦房店纺织厂并列全国第一。侯汉民在生产管理中，对于人事、财务、供销、设备、生产技术、质量考核等都很精通，被厂里称为“活字典”。

随着纺织厂的建立和扩大生产，需要建设印染厂，侯汉民又承担了七一印染厂的筹建工作。他积极制订措施，合理安排工程进度，检查和解决设计施工中出现的问题，使印染车间和化工车间在1956年如期开工生产。

侯汉民从建设七一棉纺织厂开始到任新疆纺织设计院总工程师，足迹遍布天山南北。1955年至1958年间，侯汉民先后去南、北疆实地考察。1955年，他参加了国家计委和自治区组织的考察组深入和田和喀什地区，确定了和田丝绸厂的扩建项目，并对喀什棉纺厂进行了厂址初选；1958年，他参加了伊犁毛纺织厂和石河子八一棉纺织厂的选址工作。此外，阿克苏大光棉纺织厂及库尔勒、尉犁、和田、沙雅、精河、奎屯、五家渠、红山等一批棉纺织厂，新南针织厂、新疆针织厂、新疆毛纺织厂、新疆第三毛纺厂、伊犁亚麻厂、新疆化纤厂的选址建厂，也都凝聚了他的心血。

侯汉民在设计、科研和技术服务中，强调“做技术工作一定要有新突破、新建树，不要拘泥于老框框”。在几十年的纺织工业建设中，他不死搬硬套内地纺织厂的建厂办法，而是结合新疆实际，积极推进先进的纺织设计技术，解决了一个又一个难题。在厂址的选择、厂房的型式、柱网的布置、空调和采暖、给排水以及设备选型等方面，都注意新疆特点。特别提出必须避开膨胀土，避免在断裂带上建厂等。在厂房的结构设计上，注意适应当地冬季寒冷、风雪大的气候特点，取得了较好的效果。

1982年，新疆轻、纺分家，新疆纺织工业的发展，急需一个正规的、专业的设计院。侯汉民抓住时机，积极争取主管局领导的支持，由他负责筹建。1982年7月，新疆纺织设计院正式成立，侯汉民任总工程师，多年来在设计院的工作实践中，培养了一大批纺织设计专业人才。

五、新中国的建筑工程师

1. 新中国的建筑工程

新中国成立以后，面对百废待兴的局面，中国建筑师有了大显身手的机会。近代留学回国的建筑师、近代中国自己培养的建筑师，以及新中国成立后培养的建筑师们，都在这些建设工程中做出了重要贡献。

20世纪50年代初，中国建筑师设计和建造了一大批住宅、医院、学校以及工业建筑，以满足社会主义建设初期的急需。此后，为迎接中华人民共和国成立十周年，有关部门组织了北京34个设计单位，同时，邀请上海、南京、广州、辽宁等省市的30多位建筑专家进京，共同设计建设首都10个大型工程项目、改建天安门广场。

从1958年9月至1959年9月，人民大会堂、中国革命和历史博物馆、中国人民革命军事博物馆、北京火车站、北京工人体育场、全国农业展览馆、钓鱼台国宾馆、民族文化宫、民族饭店、华侨大厦共10座建筑顺利完成。这些建筑中既有大屋顶模式，如全国农业展览馆；也有参用西洋古典，如人民大会堂；同时带有对新结构和新形式的探索，如北京火车站采用的双曲扁壳结构、民族饭店的预制装配结构等，堪称一场建筑创作的盛会。

2. 人民大会堂总建筑师——张镈

张镈（1911—1999），祖籍山东省无棣县，1934年，毕业于南京中央大学建筑系，之后又投奔清华大学，成为著名建筑大师梁思成的门生。毕业后，长期跟随建筑大师杨廷宝工作，先后在香港基泰公司的津、（北）平、沪、宁、渝、穗诸事务所任建筑师，在天津工商学院建筑系任教授。1951年，从香港辞职回到北京，1953

20 世纪 60 年代的北京人民大会堂外景

年，出任北京市建筑设计院总工程师，全身心投入到建设首都的工作中。

1958 年 9 月，各地建筑师云集北京，商讨人民大会堂的建筑方案。人民大会堂是制定国家大政方针及政策、法律的场所，同时，也是全国各民族大团结的象征、人民当家做主的象征。人民大会堂的建筑艺术，在形象上，要求能够反映出中国人民的伟大气魄和国家美好的前景，庄重又活泼，朴素且壮观。设计师们为此倾尽全力，在短短的一个多月时间里，提出了 84 个平面方案，189 份立体方案。评审组选择其中较有特点的 8 个方案向全国征求意见，然后再综合成 3 个方案，最后，经周恩来总理审定，并经中央书记处和中央政治局讨论同意为现在建成的方案。这个方案是由当时北京市规划局总建筑师赵冬日和沈博等设计师完成的。

方案确定后，张镈被任命为总建筑师，辅以其他专业工程师开展工作。为在 1959 年 9 月“献礼”，建筑者们靠着高度的政治热情和责任心，在中央的直接指挥下，克服重重困难，仅用 280 天完成施工。因工期紧张，在设计方案没有完成时，施工人员已开进施工现场，设计人员只好在现场工作。当时，设计人员、施工单位和业主单位三方共同研究、协商，遇到问题共同想办法解决。这种未设计先施工的办法虽然不具备可参考性，但在当时不失为应急之法。人民大会堂建成后，受到当时来访的各国友人及贵宾的盛赞，他们对如此巨大的建筑，在短短 10 个多月的时间内，以高质量建成表

人民大会堂近貌

示惊讶、赞赏和佩服。

人民大会堂总面积达 101 800 平方米，包括 9 634 座的会堂、5 000 座的宴会厅、600 座的小礼堂，以各省、直辖市、自治区命名的 30 个大厅，以及大量人大常委会办公用房。建筑东西长 336 米，南北长 174 米。整体风格基于学院派西洋古典的意象，但在装饰上吸取了许多中国传统建筑元素：建筑立面的构图、比例和配置是西式的，周围的柱廊借鉴了西洋古典建筑，平面强调严谨的轴线、序列和对称手法；细节的处理上则体现我国传统建筑精神，如屋檐采用仰莲瓣琉璃制品，挑檐以上的女儿墙到阳角转弯处不是平直生硬的 90° 角，使端头微微翘起，而在挑檐的翼角处也做了轻微的外摆出飞，产生类似木构造角梁的“翼角翘飞”的韵味，建筑底部也采用我国传统的须弥座平台，衬托出建筑高大磅礴的气势。

1978 年，张镈恢复工作后便参与策划和设计人民大会堂大修、改造、扩建工程，民族文化宫扩建工程，以及水产部大楼、钓鱼台国宾馆、国际大厦和北京旧城区规划等国家重点工程。

张镈在 50 年的职业生涯中，参与规划设计、辅导的大型建设工程有 120 余项，其作品遍布祖国大江南北。在首都的近百项工程中，有 5 项排在东西长安街上，有 3 项列入国家“50 强工程”前 5 名，有一项荣登全国建筑艺术奖项之榜首。1989 年，张镈获“国家建筑大师”称号。

1999 年 7 月 1 日，张镈病逝于北京，享年 88 岁。

六、新中国的道路与桥梁工程师

1. 新中国的铁路工程建设

（1）宝成铁路——新中国第一条电气化铁路

宝成（宝鸡至成都）铁路是沟通中国西北、西南的第一条铁路干线，也是突破“蜀道难”的第一条铁路。

早在1913年，国民政府拟在平汉铁路以西修筑一条南北干线，以接通黄河上游与长江上游的铁路交通，先后选定大同至成都、天水到成都等提案，但都因工程艰巨而搁置下来。1936年，陇海铁路西段工程局对秦岭一线进行了勘测，并提出两条可供修筑的线路：一条是宝鸡至略阳，即今天的宝成线；另一条是天水至略阳的线路。但川陕沿途江河纵横，地形复杂，加之当时内忧外患的境况，使得修建铁路的构想再次夭折。

新中国成立后，北起陕西宝鸡、南抵四川成都的宝成铁路建设项目，被正式提上日程。1954年1月，宝成铁路从宝鸡正式开工。铁路全长669千米，16次跨过嘉陵江，沿线地质、地貌复杂，由北向南穿越秦岭、大巴山脉和剑门山区，线路起伏大，还要经过“古坍方”“古滑坡”地段。而很多路段的隧道几乎是在绝壁上开凿的，在开工前，为了能够顺利上山开凿隧道，需要先修建大量的运输公路、简易运料便道，甚至还得在悬崖峭壁上架起通往工地的栈道。由于当时机械化程度较低，除了少数路段能用上汽车、拖拉机、马车、驴车等外力，其余路段几乎只能用肩挑背扛等人力运输方式。

1956年7月12日，由宝、成两端相向而筑的铁路在甘肃黄沙河接轨。经过一段时间的试运营，1958年1月1日，宝成铁路全线正式通车，列车采用蒸汽机车牵引。然而，由于铁路全线坡度很大、隧道成群、弯道繁多，蒸汽机车牵引力有限。部分地段，车行十分

2015 年 4 月 8 日，一列火车经过宝成铁路

缓慢，若遇嘉陵江泛滥，常常致使铁路中断。而遇陡坡道时，列车只能靠闸瓦制动。制动时间一长，闸瓦发热，甚至熔化，就会失去制动力，列车将面临速度失控的危险。为此，只能采取在中间站“凉闸”的方式，使得下坡列车的平均速度比上坡还慢。

在这种情况下，当务之急是实现电气化，以提高铁路的运输能力。电力机车不但牵引功率大，还可实施电制动，解决下坡难的问题。1958 年 6 月至 1960 年 6 月，宝鸡至凤州段 90 千米线路率先进行了电气化改造。1968 年，凤州至成都段也开始进行电气化改造。1975 年 7 月 1 日，宝成电气化铁路全线建成通车，大大拉近了西南、西北地区的距离，促进了沿线的经济发展。同时，宝成铁路电气化

20 世纪 50 年代，行驶在宝成铁路上的列车通过大巴口桥

采用了单相交流25千伏、50赫兹的先进制式，其所研制的系列配套技术装备，以及制订的技术标准，在此后的铁路大规模电气化建设中发挥了重大作用。

（2）成昆铁路——人类征服大自然的杰作

全长1 100千米的成昆（成都至昆明）铁路，有500多千米位于烈度7度至9度的地震区内，因沿线地质和地形极为复杂，素有“地质博物馆”之称。

1958年7月，成昆铁路开工。不久，新中国遭遇了第一次经济滑坡。中共中央发出紧急通知，一批重大建设工程下马，其中就包括开工不到一年的成昆铁路。此后的3年间，成昆铁路工程3次停工，又3次开工，至1962年底，工程彻底停了下来。

1964年10月，“大三线”建设拉开帷幕。以四川为中心，众多与国防相关的工程纷纷启动。前期最重要的工程项目之一就是恢复修筑成昆铁路干线，以解决西南地区交通问题，满足工业的能源、原材料、零部件以及产品运输需求。于是，西南铁路建设总指挥部率领30万人的筑路队伍，迅速在北段（成都至西昌）、南段（西昌至昆明）全面展开施工。1965年末，铁道兵两个师的加入，使建设队伍增加至40万人，计划定于1968年建成通车。然而，就在施工如火如荼进行的时候，工程被来势汹汹的“文化大革命”再次打断。1967至1969年间，工程进度仅为1966年一年的工作量，停工损失达7亿元，占工程总造价的1/4。

1969年3月，中苏边境爆发“珍宝岛之战”。在紧迫的国际形势下，成昆铁路通车势在必行。周恩来总理亲自命令新成立的铁道兵西南指挥部统一领导施工。经过10个月的突击抢建，成昆铁路南北段终于如期在四川省西昌礼州实现了铺轨对接。1970年7月全线试通车，1971年1月1日正式交付运营。

成昆铁路地段可谓处处险山恶水，全线2次跨越大渡河，1次跨越金沙江，13次跨越牛日河，8次跨越安宁河，47次跨越龙川江，16次跨越旧庄河，共计修建桥梁991座，平均每1.7千米就有1座

2016 年 3 月，一列火车行驶在成昆铁路岷江大桥

大桥或中桥。此外，全线将近 1/3 的长度都是隧道。而由于地形限制，沿线 122 个车站中，有 42 个不得不全部或部分建造在桥梁上和隧道里。为了解决地势高差的问题，设计者为成昆铁路安排了 7 条展线，即“盘山铁路”。如白果站与越西站之间，直线距离只有 8 千米，海拔却相差近 200 米。火车要想爬上这个高坡就要经过 8 条隧道、5 座桥梁，多走 9 千米，占到该段线路总长的 72%。如此艰巨的工程，加之当时的施工条件限制，使得施工人员付出了巨大的牺牲。

1970 年 7 月 1 日，是成昆铁路的通车日，也是攀钢的出铁日。直到今天，整个川西地区的交通已经非常发达，但攀枝花 60% 以上的货物运输还要依靠成昆铁路来完成。依托成昆铁路，我国最重要的航天基地——西昌卫星发射中心也在 20 世纪 70 年代末建立起来。成昆铁路创造了令世人瞩目的奇迹，对沿线乃至整个中国的政治、经济、军事、外交都产生了巨大的影响，已经成为我国民族自豪感和民族精神的象征。

2. 通往世界屋脊的公路

（1）青藏公路——青藏高原的物资渠道

青藏公路从西宁起，经乌兰、德令哈、格尔木、安多、那曲至拉萨，全长 1 937 千米（另说 1 980 千米）。该线翻越昆仑山（海拔 4 600

藏族群众参加修筑青藏公路

米）、风火山（海拔 5 010 米）、唐古拉山（海拔 5 320 米）和头二九山（海拔 5 180 米）等高山，全段海拔在 4 000 米以上。

青藏公路最初的建设标准较低，并且穿行在青藏高原上，沿线气候条件恶劣，地质条件特殊、不良，因而通车后病害严重。1974 年开始全面改建，并将标准提高为二级公路，加铺沥青路面。西宁市至格尔木市段于 1978 年先期完成改建工程，至 1985 年 8 月，青藏公路全线沥青路面铺筑工程竣工。这条路是多条进藏公路中路况最好、流量最大的公路，在进藏铁路修通之前，是西藏主要的物资运送渠道。

（2）新藏公路——世界平均海拔最高的公路

除康藏和青藏公路外，数十年来国家还投以巨资，建设了新藏公路、中尼公路、滇藏公路、丙察察线等多条联通西藏的公路，从根本上改变了过去世界屋脊没有公路的状况。

由新疆叶城至西藏拉孜与中尼公路相交的新藏公路，是继川藏公路、青藏公路之后，进入西藏的第三条公路。新藏公路北起新疆叶城，经西藏噶大克（噶尔），至与印度、尼泊尔接壤点边疆城镇普兰。新藏公路于 1956 年 3 月动工，1957 年 10 月 6 日通车，全长 1 500 多千米，后续又从普兰延伸到了西藏拉萨。因此，新藏公路又称叶拉公路，即 219 国道，全长 2 140 千米。

新藏公路的主体工程位于帕米尔高原的昆仑山脉、喀喇昆仑山脉和青藏高原的冈底斯山脉、喜马拉雅山脉，沿途翻越 5 000 米以上的大山 5 座，冰山达坂 16 个，冰河 44 条，穿越无人区几百千米，途经区域平均海拔 4 500 米以上，氧气含量不足海平面的 50%，是世界上平均海拔最高的公路。

在布达拉宫前举行的康藏、青藏公路通车典礼

今天的青藏公路沿途风貌

新藏公路沿途风光（摄于2013 年，新疆喀什地区）

蜿蜒曲折的滇藏公路

（3）滇藏公路

滇藏公路于1950年9月动工，1974年7月6日建成通车。

因起止点的不同，对于滇藏公路的长度有诸多说法。一说全长710千米，起点为云南大理下关，沿G214经丽江、香格里拉、德钦、盐井，在芒康与川藏南线交汇；一说全长714千米，起点为中国云南景洪，即昆畹公路（前称滇缅公路），经过西藏芒康、左贡、昌都、类乌齐至青藏界多普玛，与川藏公路南线连接；一说全长1 930千米，南起滇西景洪，穿过横断山区原始森林，横跨金沙江，翻越海拔4 300余米的百芒雪山和洪拉山，经西藏芒康、左贡、昌都、类乌齐至青藏界多普玛，抵甘肃兰州，西藏自治区境内803千米；一说起点为昆明，到拉萨全长2 252千米；还有说是由昆明市经下关、大理、中甸、德钦、盐井到川藏公路的芒康，然后转为西行到昌都或经八一到拉萨，由昆明至芒康路程1 112千米，由芒康经八一至拉萨1 214千米，全程2 326千米。

所有这些进藏公路担负着联系祖国东西部交通的枢纽作用，无论在军事、政治、经济还是文化上都具有不可替代的作用。它们不但是藏汉同胞通往幸福的“金桥”和“生命线”，而且是联系藏汉人民的纽带，具有极其重要的经济意义和军事价值。

3. 南京长江大桥——中国建桥史上一座丰碑

南京长江大桥是我国建成武汉长江大桥、重庆白沙沱长江大桥之后，自行建造的第三座长江大桥。

1908年沪宁铁路修到南京，1911年津浦铁路建成通车，因受长江之阻，这两条南北铁路干线未能贯通。1937年，国民党政府重金聘请美国桥梁专家华特尔，对南京至浦口江面进行实地勘察，这位美国专家得出的结论是：“水深流急，不宜建桥。”新中国成立后，随着大规模经济建设的开展，建设南京长江大桥之事又被提上了议程。

南京长江大桥建成初期的影像

南京长江大桥的设计和施工单位是铁道部大桥工程局，结构工程由中铁大桥勘测设计院承担。1960 年 1 月 18 日，南京长江大桥正式施工。相比武汉长江大桥，南京长江大桥桥墩之间的跨度更大，因此正桥基础工程更为艰巨。这里江面宽阔，水深流急，覆盖层厚，基岩构造复杂。建造者因地制宜地采用了四种类型的桥墩基础：1 号墩为重型混凝土沉井基础，沉井穿过复盖层达 54.87 米；2 号、3 号墩为钢沉井管柱基础，这是管柱与沉井相组合的新型基础结构；4 号、5 号、6 号、7 号墩则采用浮运钢筋混凝土沉井基础；8 号、9 号墩为钢板桩围堰管柱基础。

那时，浮式沉井技术只在美国旧金山金门大桥的建设中被使用过，南京长江大桥的设计师们都只听说而没有见过。他们不断摸索，反复实验，精心设计，最终将技术难关一一攻下，解决了江心部分的 4 号、5 号、6 号、7 号桥墩在基岩强度低、有严重挤压破碎带情况下的建设问题。直径 3.6 米预应力钢板桩围堰混凝土管柱、钢沉井围堰直径 3 米预应力混凝土管柱和深水浮运沉井基础等三项技术，都是南京长江大桥设计中的首创。

大桥每孔上的三联跨合金钢梁的钢材原是向苏联订购的，浦口岸 0 号墩至江中 1 号桥墩的第 1 孔 128 米简支钢梁，用的就是苏联供给的钢材。后来由于苏联供应中断，自主研发钢材的重任落在了

南京长江大桥今貌

鞍山钢铁公司身上。鞍山钢铁公司的职工突击“攻关”，及时炼出了 16 锰合金钢，轧长比苏联的还长，不需拼接就能满足单根钢梁杆件的长度。其后的三联三等跨 9 孔、每孔 160 米的连续钢梁，都是由鞍钢生产的。与此同时，山海关桥梁厂也最终克服了焊接低合金钢的困难，制成了大型钢梁，再不需要依靠国外供应。

南京长江大桥的建设一波三折，除了饱受自然灾害侵害外，还遭遇了“文革”的冲击，工地一度陷入混乱。而作为新中国重点工程，南京长江大桥也受到了国际社会的很多关注，所以在当时紧张的国际关系中，南京长江大桥还承担着一定的战备使命，曾在军队的管制下进行施工。

1967 年 8 月 15 日，南京长江大桥合龙。1968 年 9 月 30 日，南京长江大桥铁路桥通车。1968 年 12 月 29 日，南京长江大桥全面建成通车。在举行通车典礼前，公路桥经受住了坦克车队的重压考验。

历时近 9 年建造完成的南京长江大桥，耗用钢材 10 万吨，木材

15 万立方米，混凝土 40 万立方米，耗资约 2.88 亿元。建成后的南京长江大桥是一座铁路和公路两用特大桥梁，铁路桥面全长 6 772 米，公路桥面全长 4 588 米，其中江面正桥全长 1 576 米。矗立两岸的桥头堡建筑高达 70 余米，使正桥和引桥有机地联成整体。

南京长江大桥建成后成为南京市的地标性建筑，而最吸引人们目光的，无疑是那巍峨矗立的南北桥头堡。桥头堡的设计非常富有时代特点，象征着当年总路线、大跃进和人民公社“三面红旗”的造型成了南京长江大桥的一大特色。当时曾为此组织过全国范围的设计竞赛，共收到 100 多份设计方案，“三面红旗”方案便是从中选出的。

南京长江大桥代表了当时中国桥梁建设的最高水平，开创了我国依靠自己的力量修建特大型桥梁的新纪元，是我国桥梁建设史上的一座重要里程碑。

4. 著名桥梁专家李国豪

与南京长江大桥的建造联系在一起的，是我国著名桥梁专家李国豪。

1939 年，留学德国时期的李国豪

李国豪（1913—2005），生于广东省梅县一个贫苦农家，16 岁时离开梅州，只身来到上海，考入当时以医科和工科闻名的国立同济大学。在为期两年的德语预科班后，升读同济本科时，他选择了工科。到大学三年级时，他又从机械专业转到土木工程专业，并于 1936 年以全优成绩毕业。毕业前夕他在杭州钱塘江大桥建设工地实习了一个月。毕业后，他留校担任结构力学和钢筋混凝土结构助教。一年后，抗战全面爆发，他代替离校的德国教授讲授钢结构和钢桥课程，这成为他此后几十年桥梁科研、教学与工程实践之路的起点。

1938 年秋，李国豪获德国洪堡奖学金资助，前往德国达姆施塔

1977 年，担任同济大学校长的李国豪

特工业大学进修。他的表现与潜能很快引起土木系新到任的教授克雷伯尔的注意。克雷伯尔是德国钢结构协会负责人，身兼著名的《钢结构》杂志主编一职，当时刚来工业大学担任结构力学和钢结构教研室主任。爱才心切的克雷伯尔破例将李国豪招至门下攻读博士学位。1939 年春，李国豪结合当时拟在汉堡修建的一座主跨 800 米的公路铁路两用悬索桥工程，开始博士论文研究工作。他从二阶理论的弹性弯曲微分方程悟出，悬索桥的受力相当于一个受竖向荷载的梁同时受一个轴向拉力。由此他完成了从概念到方法都有所创新的博士论文《悬索桥按二阶理论实用计算方法》，并用模型试验加以验证，最终以优异成绩获得工学博士学位。他的论文在《钢结构》杂志发表后，在桥梁工程界引起极大反响，“悬索桥李”的美名不胫而走，这一年，李国豪刚刚 26 岁。

第二次世界大战结束后，李国豪偕同妻子踏上了回国路程。他回国不久，同济大学也从四川迁回上海，李国豪重返母校，出任土木系主任。

1952 年，同济大学院系调整，李国豪被任命为同济大学教务长，他领导同济的专业建设，创办了桥梁工程专业，并先后出版了该专业最早的中文教材《钢结构设计》和《钢桥设计》。3 年后，他开始培养桥梁工程研究生，后来又出版了专著《桥梁结构稳定与振动》。1956 年，他担任副校长，不久又创设工程力学专业，亲自授课培养学生。

1954 年，李国豪受聘为武汉长江大桥技术顾问委员会成员。一年后，他成为首批中国科学院技术部学部委员（院士）。不久，南京长江大桥开始筹建，国家决定完全由自己的工程技术人员设计、施工，45 岁的李国豪出任南京长江大桥技术顾问委员会主任，中国桥梁第一人的位置由此奠定。此后，几乎中国所有的标志性桥梁——上海南浦大桥、江阴长江大桥、虎门珠江大桥、汕头海湾大桥、长江口交通通道、杭州湾交通通道、琼州海峡交通通道等，都与这位大师的名字紧密相连。

当年武汉长江大桥建成举行通车典礼的时候，几十万群众拥上桥头，造成大桥突然左右晃动，表明设计存在稳定性的问题，而南京长江大桥设计时这一问题尚未解决，为了防止晃动，被迫加宽桁梁，多用了几千吨钢材。李国豪因正承担着工程抗爆研究任务和成昆铁路的桥梁技术工作，一时无法研究横向振动问题，他就把这个题目作为学校研究生和毕业班的科研课题。

“文革”期间，被关在“牛棚”的李国豪缺少纸和笔，他将每天唯一的一张报纸的空白中缝作为演算的稿纸，一连计算了三个多月，手头没有任何数学资料，凭借扎实的基础和惊人的记忆，完成了大桥振动的理论研究雏形。撤销隔离后，他用 4 个月时间在家里自己动手制作了一个精致的桁架模型，并用这个模型，获得了详尽的数据。1974 年，在全国钢桥振动科学协作会议上，李国豪精辟地阐释了他的振动理论，并指出“武汉长江大桥的稳定没有问题，南京长江大桥多用钢材没有必要”。与会专家们激动地说：“我们在这个问题上徘徊了整整 17 年，现在终于解开了这个谜。”

1977 年，李国豪出任同济大学校长，这所百年名校也在他任内焕发了青春。上任后，李国豪重点做了两件事：其一，提出要将同济大学从 1952 年院系调整之后定位的土建型专门大学，转变为以土建为主的综合型大学；其二，提出恢复同济大学过去的特色之一，即与德国高等学校和科研机构的传统联系，采用德语作为主要教学语言之一。为提高教学质量，他还提出八项措施，如学生可自主选择教师设置的课程、率先实行学分制等，这在当时都是开风气之举。

2005 年 2 月 23 日，一代桥梁大师在上海逝世，享年 92 岁。早在 1981 年，李国豪就当选世界十大著名结构工程专家之一，1987 年，又获国际桥梁和结构工程协会功绩奖。而他一手打造百年名校的教育家风范，同样令后人敬仰不已。

拓展阅读

古代书籍（年代 · 作者 · 书名）

春秋末年 · 作者不详 ·《考工记》

宋 · 曾公亮 ·《武经总要》

宋 · 李诫 ·《营造法式》

元 · 王祯 ·《农书》

明 · 宋应星 ·《天工开物》

明 · 徐光启 ·《农政全书》

清 · 戴震 ·《考工记图》

清 · 毕沅 ·《关中胜迹图志》

清 · 陈梦雷，蒋廷锡 ·《古今图书集成》

现代书籍（作者 . 书名 . 出版地 : 出版单位 . 出版年份）

李约瑟（英）. 中国科学技术史. 北京 : 科学出版社. 1975.

德波诺（英）. 发明的故事. 上海 : 三联书店. 1976.

单志清. 发明的开始. 济南 : 山东人民出版社. 1983.

黄恒正. 世界发明发现总解说. 台北 : 远流出版事业股份有限公司. 1983.

郑肇经. 中国水利史. 上海 : 上海书店出版社. 1984.

山田真一（日）. 世界发明史话. 北京 : 专利文献出版社. 1986.

王滨. 发明创造与中国科技腾飞. 济南 : 山东科技出版社. 1987.

刘洪涛. 中国古代科技史. 天津 : 南开大学出版社. 1991.

陈宏喜. 简明科学技术史讲义. 西安：西安电子科技大学出版社. 1992.
王鸿生. 世界科学技术史. 北京：中国人民大学出版社. 1996.
吕贝尔特（法）. 工业化史. 上海：上海译文出版社. 1996.
梁思成. 中国建筑史. 天津：百花文艺出版社. 1998.
赵奂辉. 电脑史话. 杭州：浙江文艺出版社. 1999.
邹海林，徐建培. 科学技术史概论. 北京：科学出版社. 2004.
纪尚德，李书珍. 人类智慧的轨迹. 郑州：河南人民出版社. 2001.
杨政，吴建华. 世界大发现. 重庆：重庆出版社. 2000.
王一川. 世界大发明. 西安：未来出版社. 2000.
李佩珊，许良英. 20 世纪科学技术简史（第二版）. 北京：科学出版社. 1995.
周德藩. 20 世纪科学技术的重大发现与发明. 南京：江苏人民大学出版社. 2000.
路甬详. 科学改变人类生活的 100 个瞬间. 杭州：浙江少儿出版社. 2000.
金秋鹏. 中国古代科技史话. 北京：商务印书馆. 2000.
中国营造学社. 中国营造学社汇刊. 北京：知识产权出版社. 2006.
瓦尔特·凯泽（德），沃尔夫冈·科尼希（德）. 工程师史：一种延续六千年的职业. 北京：高等教育出版社. 2008.
项海帆，潘洪萱，张圣城，等. 中国桥梁史纲. 上海：同济大学出版社. 2009.
娄承浩，薛顺生. 上海百年建筑师和营造师. 上海：同济大学出版社. 2011.
陆敬严. 中国古代机械文明史. 上海：同济大学出版社. 2012.
孙机. 中国古代物质文化. 北京：中华书局. 2014.

附 录

一、工程师名录（按本书出现顺序）

时期	领域	工程师
古代工程师	冶金	綦毋怀文　杜　诗
	建筑	宇文恺　李　春　喻　皓　蒯　祥
	水利	孙叔敖　李　冰　郑　国　白　英　潘季驯　陈　潢
	陶瓷	臧应选　郎廷极　年希尧　唐　英
	船舶	郑　和
	纺织	嫘　祖　马　钧　黄道婆
近代工程师（1840—1949）	冶金	盛宣怀　吴　健
	能源	吴仰曾　邝荣光　孙越崎
	船舶	魏　瀚
	铁路	詹天佑　凌鸿勋　颜德庆　徐文炯
	电信	唐元湛　周万鹏
	建筑	周惠南　孙支夏　庄　俊　董大酉　杨廷宝　梁思成 吕彦直　范文照
	道路	段　纬　陈体诚
	桥梁	茅以升
	机械	支秉渊
	化工	侯德榜
	纺织	张　謇　雷炳林　诸文绮

新中国成立后三十年的工程师	**冶金**	靳树梁　孟　泰　邵象华
	建筑	张　镈
	桥梁	李国豪
	汽车	张德庆　饶　斌　孟少农
	飞机	徐舜寿　黄志千
	两弹一星	钱三强　钱学森　邓稼先　王淦昌　彭桓武　黄纬禄 郭永怀　王承书　赵九章
	纺织	陈维稷　钱宝钧　费达生
	电机电信	恽　震　褚应璜　丁舜年　沈尚贤　张钟俊　蒋慰孙 罗沛霖　张恩虬　叶培大　吴佑寿　王守觉　李志坚 黄　昆　马祖光　马在田
改革开放以后的工程师	**航空航天**	陈芳允　杨嘉墀　钱　骥　吴德雨　林华宝
	铁路	庄心丹
	水利	张光斗　黄万里　汪胡桢　张含英　须　恺　高镜莹 钱　宁　黄文熙　刘光文　冯　寅　潘家铮
	电力	毛鹤年　蔡昌年
	印刷	王　选
	电信	夏培肃　慈云桂　陈火旺　支秉彝

二、图片来源

全书图片提供：

1. 北京全景视觉网络科技股份有限公司
2. 视觉中国集团（Visual China Group）
3. 北京图为媒科技股份有限公司
4. 书格（Shuge.org）

特别说明：

本书可能存在未能联系到版权所有人的图片，兹请见书后与同济大学出版社有限公司联系。

后记

2007 年同济大学百年校庆期间，吴启迪教授在为德国出版的《工程师史：一种延续六千年的职业》中文版写序的过程中，翻阅该书，发现中国虽然有众多蜚声世界的工程奇迹，但是在书中却鲜有提及，对于中国工程师则几乎无记载。这深深触动了这位一直关怀工程教育与工程师培养的教育专家。为了提升中国工程师的职业价值与社会威望，让更多年轻人愿意投身工程师的职业，2013 年冬，吴启迪教授经过与专家的沟通、洽谈，到行业走访，确认了《中国工程师史》的出版计划，并得到同济大学出版社的支持。

2014 年，同济大学由伍江、江波两位副校长牵头，成立了土木、建筑、交通、电信、水利、机械、环境、航空航天、汽车、生物医药、测绘、材料、冶金、纺织、化工、造纸印刷等 21 个学科小组，分别由李国强、朱绍中、石来德、韩传峰、黄翔峰、刘曙光、钱锋、康琦、张为民、李理光、李淑明、沈海军等老师牵头，并成立北京科技大学、东华大学、华东理工大学等材料编撰小组。历时近一年的时间完成各学科资料的搜集、编撰与审定工作，并在这一过程中通过访谈得到了中国工程院众多院士的指导与帮助。同济大学科研院与同济大学建筑设计研究院对这一阶段工作给予了经费保障。《中国工程师史》也获得了国家出版基金、上海市新闻出版专项基金的支持。

2015 年下半年，组建了以王滨、王昆、周克荣、陆金山、赵泽毓等为主的文稿编撰小组，历时半年多的时间整理并改写出《中国工程师史》样稿。这是一项异常艰难的工作，因为众多史料的缺失，多学科的复杂性，并且缺乏相应的研究基础；很多史料的核对只能以二手资料为基础。在这一过程中，书稿送审至中国工程院徐匡迪院士、殷瑞钰院士、傅志寰院士、陆佑楣院士、项海帆院士、沈祖炎院士等，以及中国科学院郑时龄院士、戴复东院士等。傅志寰院士对于文中的数据逐一查找并多次来电来函指导修改。徐匡迪院士对于图书编写的意义给予重大肯定，并欣然作序，并且提出增加工程教育相关章节。同时出版社组织出版行业专家进行审定，考虑到学科完整性和工程重要性的均衡，对本书内容提出修订和补充意见。上海师范大学邵雍教授带领团队对近代工程师史部分进行增补。

本书编撰及审定过程将近四年，依然存在众多不足。在本书早期编写过程中，编委会共同商定“在世人员暂不列入”的原则。因此在当代工程中有众多做出卓越贡献和科技创新的工程实施或组织者未能在书中一一提及，在此致以最诚挚的歉意。本书编撰过程中借鉴了大量前人研究成果及资料，有疏漏之处还望谅解。抛砖引玉期待能够得到专家学者及读者的指正。也期望未来以此为基础，进行不断修编改进。

正值同济大学 110 周年校庆前夕，期待《中国工程师史》的出版，能够吸引更多青少年投身工程师的职业，并且推动中国工程师职业素养和地位不断提升。

吴启迪

现任同济大学教授、中国工程教育专业认证协会理事长、联合国教科文组织国际工程教育中心主任、国家自然科学基金委管理科学部主任、国家教育咨询委员会委员。曾任同济大学校长、国家教育部副部长。

清华大学本科毕业，后获工程科学硕士学位。在瑞士联邦苏黎世理工学院获工程科学博士学位。主要研究领域为自动控制、电子工程和管理科学与工程。出版专著十余部，发表学术论文百余篇，获国家和省部级科技奖励多项。

图书在版编目（CIP）数据

中国工程师史．第二卷，师夷制夷：近现代工程师群体的形成与工程成就 / 吴启迪主编．-- 上海：同济大学出版社，2017.12
ISBN 978-7-5608-6436-5

Ⅰ．①中… Ⅱ．①吴… Ⅲ．①工程技术—技术史—中国—近现代 Ⅳ．①TB-092

中国版本图书馆CIP数据核字（2016）第147141号

中国工程师史·第二卷
师夷制夷：近现代工程师群体的形成与工程成就
主　　编　**吴启迪**
出 品 人　**华春荣**
策划编辑　**赵泽毓**
责任编辑　**赵泽毓**
责任校对　**徐春莲**
整体设计　**袁银昌**
设计排版　**上海袁银昌平面设计工作室　李　静　胡　斌**

出版发行　同济大学出版社
网　　址　www.tongjipress.com.cn
地　　址　上海市四平路1239号
电　　话　021-65985622
邮　　编　200092
经　　销　全国各地新华书店、网络书店
印　　刷　上海雅昌艺术印刷有限公司
开　　本　787mm×1092mm 1/16
印　　张　14.5
字　　数　362 000
版　　次　2017年12月第1版　2017年12月第1次印刷
书　　号　ISBN 978-7-5608-6436-5
定　　价　75.00元